AF589018

OPINIONS
DES HOMMES POLITIQUES,
DES SAVANTS,
DES AGRONOMES ET DES AGRICULTEURS,

SUR L'UTILITÉ DU SEL

POUR LES PLANTES ET POUR LES ANIMAUX,

PUBLIÉES

PAR M. A. DEMESMAY,

DÉPUTÉ DU DOUBS;

EN RÉPONSE AU RAPPORT PRÉSENTÉ A LA CHAMBRE DES PAIRS

PAR M. GAY-LUSSAC,

SUR LE PROJET DE LOI RÉDUISANT A 10 C. PAR KILOGRAMME

L'IMPOT DU SEL,

Adopté le 23 avril dernier par la Chambre des Députés.

PARIS.
LIBRAIRIE AGRICOLE DE DUSACQ,
ÉDITEUR DE LA *MAISON RUSTIQUE*, ETC.,
RUE JACOB, 26.

1846.

En présence des faits parfaitement constatés qui se manifestent sur toute l'étendue du globe, il est impossible de refuser à une substance qui accompagne toutes les substances nutritives, qui fait partie de tous les organes essentiels de l'homme, des animaux et des plantes, une valeur réellement nutritive; il devient évident que cette substance est un élément indispensable de la vie de l'homme, des animaux et des plantes, car la nature n'a rien fait en vain et sans motifs.

BELLA, *directeur de l'Institut agricole de Grignon.* — *Rapport sur la question du sel*, présenté au conseil général de l'agriculture, des manufactures et du commerce, session de 1845-46.

Libre d'entraves, avec le bas prix des transports que les voies de fer doivent nécessairement amener, le sel est appelé à régénérer l'agriculture et à la faire entrer dans une voie toute nouvelle dont les résultats sont incalculables, mais dont les avantages sont certains.

LECOQ, *professeur d'histoire naturelle de la ville de Clermont-Ferrand.*

DE L'EMPLOI ET DE L'EFFICACITÉ DU SEL

COMME AMENDEMENT DES TERRES.

Dans son rapport à la chambre des pairs sur la réduction de l'impôt du sel, l'honorable M. Gay-Lussac passe avec une surprenante rapidité sur la question de l'emploi de cette substance comme amendement. Cette question mérite cependant d'être approfondie, non-seulement sous le rapport de la fertilisation des terres, et, par suite, de l'accroissement de la richesse publique, mais sous celui de l'intérêt même du trésor; car, ainsi que l'a fort bien fait remarquer M. Bella, directeur de l'institut agricole de Grignon, dans son rapport au conseil général de l'agriculture, des manufactures et du commerce, « il est impossible d'admettre que la France, qui marche à grands pas dans la voie des progrès agricoles, et commence à demander les matières fertilisantes à de lointains rivages, ne fera pas usage de ce puissant moyen d'enrichir ses terres, du moment où le bas prix du sel le mettra à sa portée. »

Cette seule observation suffit à faire sentir l'importance du sujet qui nous occupe; voici ce qu'en dit l'illustre pair : « *Parlerons-nous maintenant de l'application du sel à l'amendement des terres?... Votre commission n'a pu recueillir aucun renseignement positif à l'avantage de cette application ; à peine s'il en est question dans les meilleurs ouvrages d'agriculture ; ou si quelques essais ont paru donner des résultats heureux, d'autres n'ont pas tardé à les démentir. M. Lecoq, professeur très distingué à Clermont-Ferrand, avait attribué quelque utilité au sel dans la culture de l'orge, du froment et de la luzerne ; mais elle est contestée par d'habiles agriculteurs praticiens, MM. Mathieu de Dombasle et Puvis, qui ont répété sans succès les expériences de M. Lecoq. M. Boussingault, dont les recherches sont heureusement dirigées aujourd'hui vers les perfectionnements de l'agriculture, n'y croit pas davantage.* »

Pour m'éclairer parfaitement sur l'opposition signalée entre M. Lecoq et M. Puvis, j'ai cru devoir me mettre en rapport avec ces deux hommes éminents dans la science agricole.

En réponse, M. Lecoq a bien voulu m'adresser le mémoire ci-inclus. M. Puvis m'a fait l'honneur de m'envoyer un exemplaire de son ouvrage, me déclarant qu'il s'en tenait à l'opinion exprimée à la page 128 et suivantes.

Il m'a paru que la publication de ces documents serait un double service rendu à l'agriculture, puisqu'elle ferait disparaître un des arguments de l'illustre rapporteur de la chambre des pairs contre la réduction de l'impôt du sel, et qu'elle offrirait aux cultivateurs d'excellentes leçons, d'utiles enseignements.

Un travail analogue sur l'opinion de MM. de Dombasle et Boussingault, démontrera si leur prétendue opposition avec M. Lecoq a plus de valeur que celle dont fait justice le rapprochement de l'opinion de ce savant professeur avec l'opinion de l'honorable M. Puvis.

La citation de nombreuses autorités prouvera que l'efficacité du sel comme engrais n'a été méconnue, ni oubliée par les hommes les plus savants en agriculture; que son application à l'amendement des terres remonte à une haute antiquité; qu'elle était largement pratiquée en France dans les provinces franches ou rédimées de la gabelle; qu'elle renaîtrait et se généraliserait par l'abaissement du prix.

Les expériences de nos meilleurs agriculteurs, celles que rapporte M. Cuthbert-William Johnson dans l'ouvrage dont j'ai donné la traduction, et qui est arrivé à sa 15e édition en Angleterre, *où des milliers de tonnes sont aujourd'hui employées à cet usage,* démontrent qu'on ne saurait traiter de *chimériques* l'utile emploi du sel comme amendement et l'augmentation de consommation qui en résulterait, pas plus qu'on ne peut contester sa valeur pour la conservation et l'amélioration des fourrages, la santé, le développement et la reproduction du bétail ; précieux résultats, dont l'examen sera l'objet de la seconde partie de cette brochure.

Clermont-Ferrand, le 22 octobre 1846.

A M. Demesmay, député du Doubs.

Monsieur,

Lorsque j'eus l'honneur de recevoir votre lettre, je venais d'être chargé par la société d'agriculture de Clermont de la rédaction d'une note sur les avantages du sel en agriculture. Voyant que ma réponse, à votre égard et pour la société, devait contenir à peu près les mêmes renseignements, je me suis mis de suite à l'œuvre, et avant d'avoir lu ce petit travail, je vous en adresse une copie, avec autorisation d'en faire tout ce que vous voudrez, de le faire insérer quelque part, si cela vous est nécessaire, d'en faire des extraits, etc. ; enfin, employez-le comme vous le jugerez convenable.

Vous verrez, monsieur, que mes convictions sont restées les mêmes depuis 1832, époque à laquelle j'avais fait bon nombre d'expériences, et où l'académie royale du Gard m'a accordé la médaille d'or pour le concours qu'elle avait ouvert sur l'action des engrais salins.

J'ai la ferme conviction que le sel agit comme je l'ai indiqué, en faisant vivre les plantes aux dépens de l'atmosphère, et si j'avais pu me livrer à des considérations étrangères à l'agriculture et relatives à la géologie ou à l'établissement de la végétation sur le globe, à la création de toute la terre végétale qui existe, je serais arrivé par une autre route au même résultat et à une démonstration rigoureuse.

Je désire sincèrement, monsieur, que ces notes puissent vous être utiles, et que vous trouviez, dans l'empressement que je mets à vous les offrir, la preuve de mes sentiments de haute estime et de respectueuse considération.

L. Lecoq.

DE LA NÉCESSITÉ D'AVOIR DU SEL A BON MARCHÉ

POUR LES BESOINS DE L'AGRICULTURE.

Messieurs,

Vous m'avez chargé, dans votre dernière séance, de rédiger une note destinée à motiver un vote de la société dans l'importante question de la réduction de l'impôt du sel. Je m'empresse de répondre à votre demande, en renfermant toutefois mes observations sur l'emploi du sel en agriculture, le seul point de vue sous lequel nous puissions envisager l'utilité de la réduction.

Pour moi, messieurs, comme pour vous, je le pense, il n'est pas douteux que le sel ne soit appelé à de fréquents usages, si son prix n'était plus un obstacle à son emploi dans l'économie rurale. Il me serait impossible, messieurs, dans une simple note, de vous rappeler, même sommairement, toutes les expériences qui ont été faites sur l'action du sel et les nombreuses discussions qui ont eu lieu à diverses reprises sur son efficacité; je me contenterai de vous soumettre quelques résultats dont je suis sûr, puisque je les ai obtenus moi-même, et qu'ils ont été sanctionnés à la fois par l'expérience et par une réunion de savants et d'agriculteurs qui les avaient provoqués par un concours. J'examinerai donc l'action du sel sur les plantes d'abord, et ensuite sur les animaux.

1° DE L'ACTION DU SEL SUR LA VÉGÉTATION.

Un végétal quelconque ne peut se développer ni grandir, s'il ne reçoit de l'extérieur des aliments qui concourent à son accroissement; mais quand on réfléchit qu'un arbre tel qu'un chêne provient d'un gland dont le poids est insignifiant auprès de celui de l'arbre lorsqu'il a atteint deux siècles, on se demande où cet arbre a puisé sa nourriture et quelle a été la source de son alimentation. Le gland s'est transformé en une masse de 15 ou 20,000 kil. Il doit alors avoir affamé le sol autour de lui; aucun végétal ne pourra croître à une grande distance; la terre qui l'a nourri doit être épuisée : rien de cela n'est exact. La terre n'a presque rien perdu pendant la végétation de cet arbre : les feuilles qui sont tombées chaque année ont rendu au sol plus qu'il n'a donné, beaucoup plus que les racines de ce chêne lui ont emporté de nourriture, et bien plus, si le sol était aride auparavant, il s'est couvert de plantes herbacées qui ont vécu aux dépens de l'humus formé tous les ans par la chute des feuilles. Voilà donc un gland mis en terre, qui en deux siècles change la nature et l'aspect du sol autour de lui, et amène la fertilité sur un point autrefois stérile et presque improductif. N'est-ce pas, messieurs, ce que vous voyez tous les jours quand vous parvenez à boiser de mauvais terrains? N'avez-vous pas des arbres, faibles d'abord, qui prennent peu à peu de la force et de l'accroissement, quoique le sol ne puisse rien leur fournir? N'obtenez-vous pas ensuite, sur le défrichement de cette forêt, de magnifiques récoltes que vous n'avez pas fumées? et ce grain que vous semez et qui vous donne de si beaux résultats, ne serait-il pas resté improductif si vous l'aviez répandu sur la terre avant la création de la forêt? Et pourtant, pendant deux siècles, ou au moins pendant 150 ans, vous avez exploité votre bois, vous avez enlevé chaque année une partie du produit, et des milliers de plantes sauvages ont vécu à ses dépens, sans compter tous les animaux qui l'ont habité et ont tous reçu de lui leur alimentation.

Si vous voulez voir les mêmes faits se produire dans une période plus courte, voyez comment se comporte un sol changé en prairie, couvert de trèfle ou ensemencé de sainfoin, de luzerne. Vous lui enlevez tous les ans ses dépouilles, et il se bonifie; après 6, 8, 10 années, vous déchirez la prairie. Loin d'y avoir mis, vous avez enlevé, et le sol se trouve plus riche qu'auparavant. D'où est venu l'humus qui s'est accumulé sous les arbres de la forêt, le terreau qui s'est caché sous l'herbe de la prairie? Si le terrain ne le contenait pas, ce sont donc les végétaux qui l'ont formé; et où ces derniers l'ont-ils pris?

Il est évident que cet humus vient de l'atmosphère, qu'il est tombé du ciel. Nous verrons bientôt que le sel a été le premier de tous les engrais et qu'il est encore le plus puissant.

Je vous demande pardon, messieurs, d'entrer dans des considérations qui au premier abord semblent tout-à-fait étrangères à mon sujet. Je reviendrai bientôt à l'action immédiate du sel; mais, écrivant cette note pour des agriculteurs et non pour des chimistes et des physiciens, j'ai dû, pour être compris, entrer dans quelques détails et arriver par une logique serrée à des conclusions qui ont, à mon avis, beaucoup d'importance dans la question. Je réclame donc encore un instant de sérieuse attention.

Comment de l'humus, de la matière organique, de la terre végétale, enfin, peut-elle descendre de l'atmosphère? Rien de plus facile à comprendre. Il faut d'abord se rappeler la composition générale des végétaux. Tous ont pour base le charbon, depuis ces plantes antédiluviennes qui ont formé les houillères et les lignites, jusqu'aux branches dont nous retirons aujourd'hui le charbon de bois qui sert à nos usages économiques; et l'humus, le terreau, qui n'est du reste que le résultat de la décomposition des végétaux, offre aussi la même composition. Que faut-il donc, en dernière analyse, pour former un arbre ou une herbe, quelles que soient sa nature et son espèce? Il faut de l'eau et du charbon. L'eau peut exister dans la terre, mais le charbon ne s'y rencontre que si des végétaux antérieurs l'y ont déposé, ou si nous l'ajoutons par des moyens artificiels, tels que les engrais organiques.

C'est dans l'air, dans l'atmosphère au milieu de laquelle les plantes se développent, qu'il faut chercher le charbon qu'elles absorbent, l'accroissement de la plante, et par suite l'addition de terreau qu'elle communique au sol sur lequel elle a vécu; et si la plante vit et se nourrit par ses racines, elle absorbe bien davantage et d'une manière bien plus utile par ses feuilles, au moins plus utile pour nous. L'atmosphère que nous respirons contient toujours du charbon, mais du charbon en dissolution, insensible à nos yeux et fondu dans l'air, comme un morceau de sucre se dissout dans l'eau et devient tout-à-fait invisible.

L'atmosphère, composée d'oxigène et d'azote, renferme seulement quelques millièmes d'acide carbonique ou *charbon dissous dans son poids d'oxigène*, et de même que les végétaux en consomment tous les jours, continuellement il y a production de ce gaz. Les eaux minérales en laissent dégager de grandes quantités; notre respiration en forme à chaque instant; tout le bois et tout le charbon qui se brûlent dans nos foyers retournent dans l'air à l'état d'acide carbonique, et à mesure que nous brûlons une bûche, la végétation la retrouve dans l'air, la reprend et en fait une branche, une feuille ou un brin d'herbe. La matière invisible reparaît à nos yeux. C'est encore du charbon qui se répand dans l'air quand la vendange fermente, quand la bière mousse, lorsque l'eau de Seltz et le champagne font sauter leurs bouchons.

Les plantes sont des machines aspirantes destinées à puiser dans l'atmosphère le charbon qui s'y trouve répandu partout. Elles sont créées pour le condenser et le transformer. Or, toute machine a besoin d'un moteur pour agir, et elle fonctionne d'autant plus vite, que ce moteur est plus puissant. Celui qui fait fonctionner les plantes, qui leur donne de la vigueur, qui les stimule dans l'absorption de l'acide carbonique, ce sont les sels, et particulièrement le sel marin. Des expériences positives ont prouvé que le sel augmentait beaucoup la vitalité de la plupart des végétaux, qu'il stimulait leur faculté absorbante pour l'acide carbonique, et produisait cet immense résultat, de faire vivre les plantes bien plus aux dépens de l'atmosphère qu'aux dépens du sol. Il donne plus de consistance aux parties vertes, les rend plus fermes, plus épaisses, et leur communique une grande force d'inspiration. Aussi, les plantes qui ont reçu des engrais salins se dessèchent plus difficilement; elles retiennent avec force leur eau de végétation. Ces engrais jouissent donc d'une propriété extrêmement précieuse, celle d'agir sur les plantes de manière à leur faire absorber, pour ainsi dire, toute leur nourriture dans l'air ; et le carbone que les végétaux y puisent est le seul qui soit une conquête pour l'agriculture, puisque tout celui qui se trouve dans le sol coûte au cultivateur, qui a été obligé de l'y amener, ou sous forme de fumier, ou en enfouissant des végétaux verts, etc.

Ce serait donc une des plus belles découvertes de l'agriculture, de rendre en quelque sorte les plantes indépendantes de la nature du sol, qui varie à chaque pas, et de les nourrir au moyen de l'atmosphère, dont la composition est la même pour toute la terre. Il sera sans doute impossible d'atteindre ce résultat ; cependant on peut espérer de faire puiser dans l'air bien plus de charbon que les végétaux n'en absorbent naturellement, et ce n'est qu'au moyen des engrais salins que l'on pourra parvenir à ce but.

Quelque extraordinaires que paraissent ces conclusions sur l'emploi du sel appliqué comme stimulant sur les plantes, elles n'en sont pas moins positives ; des expériences les ont démontrées ; la théorie et la pratique se réunissent pour les confirmer, comme on peut le voir dans le Mémoire sur les engrais salins que j'ai publié en 1832.

Je n'ignore pas que d'autres substances que l'acide carbonique peuvent être puisées dans l'atmosphère ; les beaux travaux de M. Boussingault et de M. Payen l'ont démontré. Nous savons aussi quelle action puissante possèdent les sels azotés appliqués aux semences des céréales ; notre savant collègue, M. de Douhet, nous a donné sur ces importants essais des détails pleins d'intérêt ; mais j'ai dû me borner à la simple action des sels comme engrais, ou plutôt comme stimulant et favorisant l'ab-l'absorption de l'acide carbonique.

Or, de tous les sels connus ou essayés dans la grande culture, il n'en est qu'un seul dont le bas prix puisse permettre l'usage : c'est le sel marin, que la nature a si libéralement répandu dans le vaste bassin des mers, dans les sources salées et au milieu même des couches du globe. C'est sans contredit une des matières les plus communes qui existent ; mais l'impôt vient paralyser toutes les tentatives agricoles, par la certitude acquise que le haut prix de la matière viendra toujours arrêter les efforts du cultivateur.

Ce que les expériences indiquent dans l'action des engrais salins, et notamment du sel marin, la nature nous le montre aussi tous les jours, et nous voyons les plantes qui croissent sur les rivages de la mer offrir des feuilles épaisses, fortement colorées à l'intérieur, présentant le vert le plus intense, celui qui décompose l'acide carbonique avec le plus d'énergie. Elles croissent dans les dunes, sur les sables les plus arides ; et malgré leurs racines nombreuses, mais qui servent seulement à les fixer sur des sables mouvants, malgré les sécheresses quelquefois prolongées qui se font sentir sur les bords de l'Océan, et surtout sur ceux de la Méditerranée, ces plantes restent vertes et ne se dessèchent jamais. Observez la même plante sur les côtes et dans l'intérieur des terres, vous y trouverez de grandes différences. Ici elle se dessèche parfaitement et périt au bout de quelques jours, si des pluies ou des arrosements ne lui fournissent par les racines l'eau que ses feuilles n'ont pas la force de puiser dans l'atmosphère.

On retrouve autour des sources minérales ce que l'on observe sur les rivages de la mer : des plantes qui croissent également dans ces localités et dans des lieux arrosés par des eaux ordinaires, changent tout-à-fait d'aspect. Quel que soit le sol dans lequel elles aient implanté leurs racines, elles végètent avec vigueur; leurs feuilles sont fermes, épaisses, d'un vert foncé, et difficiles à sécher. Ce fait est frappant; on l'observe partout où il y a des eaux minérales *salines*.

C'est encore aux matières salines qu'il faut attribuer la fécondité des sols volcaniques. On voit souvent, en effet, des courants de lave récents qui se couvrent de végétaux et que l'homme soumet à la culture, au risque de voir ses espérances anéanties par de nouvelles éruptions. On ne peut attribuer la tendance qu'ont les plantes à s'emparer de ces roches arides qu'au commencement de décomposition de la roche elle-même. Celle-ci étant toujours suspathique, produit nécessairement un peu de potasse ou de soude qui, mise à nu en quantité très petite, mais d'une manière continue, active la végétation qui, à défaut du sol, doit puiser sa nourriture dans l'atmosphère.

Les exhalaisons des solfatares et la décomposition lente mais progressive des produits volcaniques, produisent continuellement des engrais salins dont la puissance l'emporte de beaucoup sur tous les engrais organiques. Soit que l'on parcoure des contrées où les feux souterrains ne se manifestent plus, comme l'Auvergne, en France, ou les champs Phlégéens, en Italie, soit qu'on atteigne la plaine sur laquelle s'élève le Vésuve et le mont Somma, qui oppose une barrière à ses courants embrasés, partout on sera frappé de la richesse des productions et du peu d'engrais qu'on emploie. Cette grande fécondité est surtout remarquable auprès du mont Etna, sur le sol d'alluvion qu'ameublissent les débris de ce colosse volcanique.

Ainsi, tout concourt à faire considérer le sel comme un des moyens les plus puissants à appliquer à la culture pour favoriser le développement de la plupart des plantes.

2° DE L'ACTION DU SEL SUR LES ANIMAUX.

Je pense, messieurs, que personne ne songe à contester l'utilité du sel pour les animaux, car, malgré l'élévation de son prix, vous savez que dans un grand nombre de localités on leur en distribue, mais avec une parcimonie que nécessite un impôt plus que triple de la valeur de ce produit.

Tous les animaux aiment le sel, depuis les oiseaux jusqu'aux quadrupèdes et à l'homme. Je ne parle pas de tous ceux qui vivent dans la mer, et qui consomment le sel sans payer d'impôt.

Vous avez vu cent fois les pigeons se recueillir autour de nos sources minérales; vous avez remarqué l'empressement avec lequel les bestiaux se dirigent vers les sources salées, et la reconnaissance avec laquelle ils accueillent ceux qui leur présentent du sel.

L'éducation des bêtes bovines, si dociles dans nos montagnes à la voix de nos pâtres, n'a coûté que quelques poignées de sel. La récompense des vaches qui traînent de lourds fardeaux dans la partie de notre département qui avoisine le Cantal, est une pincée de muriate de soude. J'ai vu sur les hautes montagnes de la Lozère, et je n'exagère pas, des blocs de granit usés par la langue des moutons. Ce sont les tables sur lesquelles les bergers leur servent le sel pendant les quatre mois de l'année qu'ils passent dans ces hautes régions, sans abri, sans litière, et n'ayant pour toute nourriture que les tiges et les feuilles durcies du *nardus stricta* ou poil de bouc, herbe si dure qu'ils ne parviendraient pas à la digérer sans l'action stimulante du sel. Et croit-on, d'ailleurs, que des propriétaires habitués à compter comme le sont ceux de l'Auvergne, de la Provence et du Languedoc, consentiraient à payer d'assez grandes quantités de sel, s'ils n'en avaient pas reconnu l'indispensable nécessité?

Personne n'ignore que le sel facilite la digestion, et que l'on peut faire manger impunément aux bestiaux des matières que leur estomac ne pourrait supporter, si on a le soin de les saupoudrer de sel ou de les arroser d'eau salée. Ce fait est si vrai, que si les plantes d'une prairie sont arrosées d'eau minérale, ou si artificiellement on a répandu à la surface des engrais salins, on voit de suite la prédilection des bestiaux pour les herbes qui ont été soumises à l'influence du sel. Que deux touffes plus vertes se présentent dans un pré; que l'une soit produite par une masse de fumier et l'autre par un suintement d'eau salée, celle-ci sera broutée immédiatement, et l'autre sera constamment refusée. On ne peut donc nier l'action bienfaisante du sel sur l'économie animale, pourvu que, sur les animaux comme sur les plantes, on ne l'emploie pas par excès.

C'est encore comme stimulant que cette substance agit sur les animaux; c'est en excitant leurs organes digestifs, en leur donnant du ton, de la force, de la vigueur, et en facilitant l'assimilation d'une plus grande quantité de matière nutritive.

Or, qu'arrive-t-il à des animaux qui mangent davantage et qui assimilent mieux, c'est-à-dire qui emploient à leur profit ce qu'ils consomment? C'est qu'ils peuvent ou dépenser la force qu'ils acquièrent par une bonne alimentation, ou conserver dans leurs tissus la matière assimilée, augmenter de poids et engraisser. En résumé, l'action du sel sur les animaux sera d'augmenter la force des bêtes de trait et le poids des bestiaux à l'engrais. Ils obtiendront la force dont nous avons besoin dans un temps plus court et feront plus de besogne. Ils arriveront plus tôt à l'état d'embonpoint que nous cherchons, se vendront plus vite et rendront plus d'argent. Or, que demande un agriculteur, et quel est, en dernier ressort, le but de l'agriculture? *Dépenser le moins possible et obtenir le plus possible*, ou mieux, *obtenir la plus grande différence en excès de recette sur la dépense.*

Je ne pense pas qu'aucune matière puisse contribuer davantage à ce résultat que l'emploi du sel, et son action sur les plantes et les animaux.

Nous avons vu qu'il favorisait, dans les plantes, l'absorption de l'acide carbonique, c'est-à-dire, du charbon répandu dans l'air; qu'il faisait vivre les végétaux aux dépens de l'atmosphère: il donne donc la possibilité d'augmenter les récoltes.

Il agit sur les animaux, en leur donnant la faculté de consommer une plus grande quantité d'aliments; c'est absolument la même action, et comme les animaux se nourrissent de végétaux, le sel, appliqué des deux côtés, occasionne deux effets qui se compensent et qui tournent tous deux au profit de l'agriculteur.

Vous le voyez, messieurs, quelle admirable circulation, quels sublimes rapports existent entre toutes les œuvres de la nature: les végétaux se développant aux dépens du charbon que contient l'atmosphère, les animaux se nourrissant des plantes, dont la base n'est autre que le charbon aérien et invisible qu'elles se sont approprié, et les animaux rejetant de nouveau dans l'air, par l'acte de la respiration, une portion de la matière nutritive qu'ils ont acquise, matière devenue encore méconnaissable à nos yeux et prête à entrer dans de nouvelles combinaisons végétales.

Toutes ces transformations sont favorisées par une matière répandue sur toute la terre, par le *sel marin* ou *chlorure de sodium*, dont le rôle est si important dans l'économie de la nature et dans l'équilibre des êtres organisés, que Dieu l'a répandu partout à profusion, et qu'il semble y avoir attaché l'existence de tous les êtres organisés.

Libre d'entraves, avec le bas prix des transports que les voies de fer doivent nécessairement amener, le sel est appelé à régénérer l'agriculture et à la faire entrer dans une voie toute nouvelle dont les résultats sont incalculables, mais dont les avantages sont certains.

L. Lecoq.

OPINION DE M. PUVIS.

DU SEL MARIN OU HYDROCHLORATE DE SOUDE.

La grande question est ici le sel marin, les autres sels ne sont qu'accessoires. Le sel marin est une substance qui pourrait être fournie par le commerce au moindre prix, si l'impôt qui pèse sur cet objet de première nécessité était aboli. Sur les bords de la mer et dans les mines de sel gemme, le quintal ne coûterait pas 50 cent. Les mines qui peuvent le fournir, avec leurs filons qui paraissent d'une épaisseur indéfinie, semblent presque inépuisables; si donc le sel peut être d'une grande utilité en agriculture, avec la facilité des communications qui s'organisent, il y aurait, en France, plus de la moitié de la surface où le prix du sel serait à peine à 1 franc le quintal, et comme ses effets sur le sol se produisent à petites doses, et que néanmoins ils paraissent très grands, les résultats seraient d'une bien haute importance.

Voyons les faits qui appuient sa grande influence sur la fécondité du sol.

L'usage du sel en agriculture est bien ancien : les Indous et les Chinois en fécondent, depuis la plus haute antiquité, leurs champs et leurs jardins; les Assyriens, nous dit Pline, le mettaient à quelque distance autour de la tige de leurs palmiers; toutefois on savait qu'en quantité notable il stérilisait le sol. Ainsi, nous dit la Bible, Abimelech, s'étant rendu maître de Sichem, détruisit cette ville de fond en comble, et sema du sel sur l'emplacement qu'elle occupait.

Dans les temps modernes, les Anglais ont beaucoup plus étudié cette question que nous. Le chancelier Bacon a constaté, par ses expériences, l'emploi avantageux de l'eau salée en agriculture. Plus tard, *Brownrigg, Watson, Cartwright*, ont confirmé, par leurs expériences, l'efficacité du sel sur la végétation; les sociétés d'agriculture ont ouvert des concours, et *Davy, Sinclair, Johnson* et *Dacre* en ont vérifié, approuvé et conseillé l'emploi.

Dans le comté de Cornwall, les composts du sel impur des sécheries avec le sable de mer, la terre, le terreau ou des débris de poissons sont fréquemment employés, et les fermiers du comté de Chester, nous dit *Davy*, leur atttribuent l'abondance de leurs récoltes. Dans l'île de Man, l'emploi du sel sur le sol détruit la mousse des prairies.

La composition ordinaire des composts, pour les prairies, est de vingt voitures de terre et quatorze hectolitres de sel par hectare.

Dans plusieurs cantons des pays à cidre, on rend plus robustes et plus fertiles les pommiers, en enfouissant autour, et à quelque distance de la tige, une petite dose de sel marin; et les greffes et boutures qu'on expédie au loin, trempées dans l'eau salée, reprennent plus facilement à leur arrivée.

Le jardinier *Beck*, de Churlin, en répand, avec succès, une petite quantité sur ses ognons, après leur semaille; un autre lave ses espaliers, arrose ses arbres et ses couches avec de l'eau salée, et, par ce moyen, fait périr tous les insectes destructeurs et féconde le sol.

Le gouvernement anglais, à la demande de l'agriculture, fait mêler avec de la suie, et vend à plus bas prix les sels qu'on lui demande pour employer sur le sol; en Allemagne, où il y a moins de littoral et où le sel est plus rare et plus cher, cette question a été moins étudiée qu'ailleurs; cependant, en Bavière, le roi a ordonné qu'on vendît à bas prix tout le sel employé en agriculture, soit pour les bestiaux, soit comme amendement.

En France, une foule de faits appuient aussi l'efficacité, sur certains sols, du sel comme amendement.

La grande fécondité produite par les engrais de mer est sans doute souvent due aux sels qu'ils contiennent, et cela est encore plus évident pour les cendres de Pornic, dans la composition desquelles on fait entrer les dessous des monceaux de sel, et qu'on arrose soigneusement pendant tout l'été avec de l'eau salée.

L'usage du Morbihan, d'arroser le fumier avec l'eau de mer, ne s'est sans doute établie que sur la preuve, donnée par l'expérience, de l'efficacité du sel allié au fumier.

Enfin, le grand effet du varech, du goëmon, et de leurs cendres, qui contiennent peut-être moitié de leur poids de muriate de soude ou de soude, vient encore à l'appui.

Dans quelques cantons du littoral, on sème à la fois de la soude (*salsola soda*) et du froment, dans des terrains salés, envahis quelquefois par les eaux de la mer. Lorsque des pluies viennent diminuer la quantité de sel, le froment devient très beau, et la soude reste faible; lorsque les pluies sont peu abondantes, la soude grandit aux dépens du froment.

Une quantité modérée de sel est donc favorable au produit du froment, aussi bien qu'une plus grande proportion lui est nuisible.

Lorsque le sel n'est pas très abondant, il favorise la végétation et donne des produits d'excellente qualité; les prés salés sont en réputation, pour la quantité, la qualité de leurs fourrages, et l'engrais de leurs moutons. J'ai habité quelque temps en Picardie, près de pâtures souvent envahies par les grandes marées : lorsque les pluies viennent laver la surface et entraîner la trop grande proportion de sel, leur produit fournit un pâturage abondant et d'excellente qualité.

La presque inépuisable fécondité des polders et des parties de Hollande et de France enlevées par des digues aux eaux de la mer, les récoltes prodigieuses de ces sols, qui quelquefois produisent depuis un siècle sans engrais, prouvent encore la grande et heureuse influence du sel sur la végétation.

A Châteauneuf, dans le Marconter (Côtes-du-Nord), que j'ai habité, on cite un fait très remarquable. Dans une clôture récente, de 100 hectares à peu près d'étendue, on avait semé, en 1792, du colza. Une grande marée brisa les digues; le terrain resta ouvert à la mer pendant quatre ans; les digues réparées permirent de reprendre la culture. Après quelque temps de pluies assez fortes, on vit le terrain couvert de colza semé quatre ans auparavant; il s'annonçait beau, on le laissa croître, et l'on recueillit l'année d'après 1,700 sacs, ou plus de 2,600 hectolitres de graines. Je tiens ce fait, connu de tout le pays, du propriétaire qui possède ce fonds et a fait la récolte. Le sel marin a sans doute exercé de l'influence sur ce grand produit, et nous croyons pouvoir conclure de tout ce qui précède que, sur certains sols au moins, son effet est bien grand.

EXPÉRIENCES SUR L'ACTION DES SELS SUR LA VÉGÉTATION.

Rien ne démontre mieux cette action, ne précise mieux la quantité des doses nécessaires, et la plupart des circonstances de leur emploi, que les expériences de *M. Lecoq*, de Clermont. Il a fait faire un grand pas à la question générale et particulière de l'emploi des diverses substances salines que la nature et l'industrie offrent à l'agriculture. Nous allons faire connaître les résultats de ces expériences, en nous bornant toutefois aux faits spéciaux et précis qui intéressent le plus la pratique agricole.

§ 1er. Il a d'abord voulu s'assurer de l'effet sur la végétation des substances salines en dissolution dans l'eau, sans l'intermédiaire du sol.

Pour cela, il a semé dans des terrines, sur du coton trempé d'eau distillée, des graines des principales familles végétales; il a arrosé ses terrines, la première avec de l'eau distillée, et les autres avec des solutions de sel marin, ou hydrochlorate de soude, d'hydrochlorate de chaux, de sulfate de fer, nitrate de potasse, eau de chaux, etc. Ces solutions contenaient un centième de sel. Il a laissé ces graines végéter pendant deux mois, au bout desquels il a recueilli les plantes, pour en évaluer les produits.

Il en est résulté que le produit en vert du froment a été presque double, dans la terrine arrosée de sel marin, de celui de la terrine arrosée d'eau distillée; celui de muriate de chaux, d'un tiers en sus; celui de l'eau de chaux a été moindre. Quant au trèfle, l'eau de chaux et le muriate de chaux ont fait produire deux cinquièmes en sus de l'eau distillée; le sel marin et l'eau minérale, composée de mélanges de sels différents, à peu près le double.

L'un des principaux effets des substances salines sur les plantes en végétation consiste à augmenter leur faculté absorbante sur l'atmosphère : de là résultait évidemment leur plus grand produit dans les eaux salées que dans l'eau distillée, sans l'intermédiaire du sol. Toutefois, M. *Lecoq* a voulu s'en assurer directement; et, dans une expérience fort ingénieuse, il a trouvé que, sur un volume donné d'air atmosphérique mêlé d'un cinquième d'acide carbonique, la plante, dans l'eau distillée, en absorbait deux pouces et demi cubes en un jour d'exposition au soleil, pendant qu'une plante pareille, arrosée d'eau minérale, placée en semblable circonstance, en absorbait trois pouces et quart, ou un tiers en sus.

Il est encore résulté de ces expériences que, dans cette circonstance particulière, c'est-à-dire sans l'intermédiaire du sol, les substances salines, en faisant produire plus de feuilles, ont donné, en continuant la végétation, sur quelques-unes, moins de grains que l'eau distillée.

§ 2. Cette expérience, avec des données si différentes de celles de l'agriculture, n'était pas assez concluante et ne faisait qu'entamer la question : aussi, *M. Lecoq* a transporté ses essais dans la culture en plein champ et avec des circonstances agricoles ordinaires.

Sur un champ d'orge en bonne terre franche, fumée l'année précédente, il a divisé un espace de 8 ares en huit lots égaux; sur les six premiers il a répandu, à la fin d'avril, des doses progressives de sel marin, et il n'a rien mis sur les numéros 7 et 8.

Tableau des opérations et de leurs résultats.

Numéros.	Doses de sel.	Produits en grains.
1	1 liv. 1/2	30 liv.
2	3	29 1/2
3	5	33
4	6	41
5	9	35
6	12	40
7	00	28
8	00	31

Le n° 1er, qui n'avait reçu qu'une livre et demie, a différé peu de ceux qui n'ont rien reçu; le n° 2 avait la paille plus longue, l'orge plus touffue; le n° 3 devenait encore meilleur; n° 4, végétation très vigoureuse, paille surpassant de 10 pouces les numéros non salés, et de 4 pouces ceux plus ou moins salés que lui; les épis étaient en outre plus gros, plus longs et plus fournis; n° 5, inférieur au n° 4, se rapprochant du n° 2, mais plus élevé que lui; n° 6, la plus forte dose, semble malade malgré son produit en grain assez fort; sa paille n'est pas plus grande que celle des numéros non salés.

Il résulte de ces expériences que la dose la plus productive, pour l'orge, serait de 6 livres (3 kilogr.) par are, ou de 6 quintaux (300 kilog.) par hectare; l'are qui a reçu 6 liv. a produit de plus que les n°s 7 et 8, qui n'avaient rien reçu, 11 liv. de grain, ou 15 quintaux par hectare, ou plus de trois fois et demie la semence, qui est, en moyenne, de trois quintaux par hectare.

Cette expérience, avec les mêmes données, a été faite en même temps sur un champ de froment, en sol un peu maigre, léger et élevé : les résultats se sont montrés presque les mêmes, malgré les différences de sol, de position et de plantes; cependant il y avait peu de différence entre les n°s 3 et 4, dont le premier avait reçu 4 liv. et demie, et le deuxième 6 liv. de sel par are.

La dose la plus rationnelle pour le froment serait donc au-dessous de 6 liv. par are, ou de 5 quintaux par hectare.

Sur un champ de luzerne divisé de même, avec les mêmes doses et la même étendue, on a eu les résultats suivants :

Numéros.	Doses de sel.	Luzerne sèche.
1	1 liv. 1/2	87 liv.
2	3	131
3	5	102
4	6	75
5	9	62
6	12	48
7	00	85
8	00	85

On voit que l'effet, peu sensible sur le n° 1, qui n'avait reçu qu'une livre et demie de sel, s'est élevé à son apogée sur le n° 2, qui en a reçu 3 livres, pour aller en diminuant jusqu'au n° 6, qui en a reçu 12 liv., dont la récolte s'est réduite à 48 liv., ou un peu plus du tiers du n° 2.

Sur la deuxième coupe, l'effet a été à peu près le même; cependant les pluies ont lavé les numéros où le sel était en excès, qui ont alors un peu augmenté en produit.

La dose la plus convenable *pour les fourrages* légumineux serait donc de 3 liv. par are, 3 quintaux par hectare, ou moitié de celle qui convient aux terres ensemencées en graminées céréales.

La proportion la plus productive pour *les pommes-de-terre*

serait, comme pour les grains, de 6 liv. par are (3 kilog.); c'est la dose, du moins, qui a donné le plus de vigueur au fanage.

Pour *le lin*, 5 livres par are paraissent la dose la plus convenable; cependant le produit en graine n'est pas plus considérable que celui du lin non salé; une dose de 8 livres a donné un produit sensiblement moindre que 5 livres.

Il en est de l'emploi du sel comme de l'emploi de la chaux; à moins de très fortes doses, il produit peu d'effet sur les sols humides : 6 liv. de sel par are, répandues sur un pré froid et un pré sec, ont doublé le produit du dernier, et n'ont fait que changer la couleur du pré humide; sur une avoine en terrain frais, l'effet a été très peu sensible, pendant que la vigueur s'est beaucoup accrue sur une avoine en sol sec.

Enfin, des lots pris sur un sol humide et tourbeux ont reçu, par are, 6, 12, 24 liv. de sel. Les deux premiers numéros avaient de l'avantage sur les parties non salées, et les derniers ont beaucoup plus produit que les autres.

Trois quintaux sur les fourrages légumineux ont produit le même effet par hectare que 5 milliers de plâtre; d'où il résulte que le sel marin pourrait remplacer, à cette dose, le plâtre dans les pays où ce dernier est rare et cher.

Mais ce qu'il y a eu surtout de remarquable, comme pour les engrais calcaires, c'est l'*amélioration de qualité dans le fourrage* des prés humides : les bestiaux l'ont consommé avec autant de plaisir qu'ils semblaient en avoir peu avant l'expérience.

L'effet général du sel sur les produits de toute espèce est, sans doute, d'augmenter leur saveur, de les rendre plus agréables et probablement plus nourrissants pour les bestiaux. Nous pensons qu'il en est de même des produits destinés aux hommes; il est à croire, en outre, que ceux qui conviennent mieux à l'instinct et à l'appétit des animaux donnent aussi à leur chair plus de qualité et de saveur, ce que semblerait d'ailleurs prouver le haut prix que les gourmets attachent au mouton de pré salé.

L'effet général du sel sur les récoltes a été d'augmenter tous les produits, mais en plus grande proportion les produits foliacés; aussi la dose pour les fourrages n'est-elle que moitié de celle des grains.

Les engrais salins *réussissent à peu près aussi bien en poudre qu'en dissolution*. Comme le premier moyen est beaucoup plus commode, il est par conséquent bien préférable, d'autant plus qu'en employant le sel en dissolution, pour que son effet ne soit pas nuisible et pour qu'il puisse couvrir toute l'étendue, il faut l'employer dissout dans beaucoup d'eau.

(*Des différents moyens d'amender le sol.*)

Donner ainsi l'opinion de M. Puvis en regard de l'opinion et des expériences de M. Lecoq, n'est-ce pas avoir détruit l'argument de l'honorable M. Gay-Lussac, qui consiste à mettre en opposition ces deux hommes éminents dans la science agricole?

Pour faire disparaître également la même opposition entre M. Lecoq et M. de Dombasle, il suffit de citer le passage suivant d'un ouvrage de l'un de ses élèves les plus distingués, M. Fawtier :

« J'arrive maintenant à un des emplois du sel pour l'agriculture, qui, s'il était bien constaté et bien connu, pourrait à lui seul consommer, pour l'amélioration de notre sol et l'accroissement des produits de l'industrie agricole, autant et plus de sel que la production actuelle de nos salines n'en fournit à la consommation générale de la France et à l'exportation : je veux parler du sel comme amendement des terres.

» Cette question importante n'est cependant point encore entièrement éclaircie. La pratique de diverses localités, et l'opinion de la majeure partie des agronomes, prouvent l'efficacité du sel comme amendement. D'autres agriculteurs et quelques essais semblent infirmer cette efficacité dans certains cas, mais sans rien conclure contre le principe en général. Enfin quelques savants, en fort petit nombre d'ailleurs, rejettent d'une manière presque absolue cette pratique, comme stérile de résultats positifs.

» Parmi ces derniers, nous devons signaler M. Gay-Lussac *, qui, dans une occasion solennelle, a appuyé cette opinion de la puissante autorité de sa parole, et au grand préjudice de notre agriculture. Les rares partisans de l'opinion de M. Gay-Lussac se sont étayés de l'expérience de M. de Dombasle; mais les essais faits à Roville, essais exécutés sur une très faible échelle, et d'ailleurs restreints à quelques petites parties du territoire de la ferme, n'ont rien prouvé à M. de Dombasle lui-même, sinon que le sel n'a produit aucun effet perceptible sur le sol qui, à Roville, a servi de théâtre à ces essais. Mais déclarer, d'après cela, et même d'après les autres expériences négatives qui ont pu parvenir à la connaissance de M. Gay-Lussac, que le sel est, dans tous les cas possibles, improductif comme amendement, ce serait admettre que l'on peut nier l'efficacité de tous les amendements connus.

* En 1838, à l'occasion d'une pétition demandant la réduction de l'impôt du sel.

» En effet, si l'expérience a démontré de la manière la plus évidente les immenses avantages que l'agriculture de toute l'Europe retire de l'emploi de la chaux, de la marne, du plâtre, des cendres, etc., il n'en est pas moins vrai que l'on pourrait citer une foule de cas où ces divers amendements ont été employés sans résultats utiles. M. de Dombasle a fait à Roville des expériences improductives avec la chaux, les cendres, la marne; mais il n'a jamais conclu, non plus que pour le sel, que ces amendements dussent être partout inefficaces.

» Un pareil raisonnement était impossible chez M. de Dombasle, car il savait fort bien que si le chaulage des terres ne lui avait pas réussi à Roville, cette vieille pratique avait cependant fait la fortune d'une commune (Chamagne) située à quelques kilomètres seulement de sa ferme, et que les cendres, dont l'emploi avait été sans efficacité sur les prairies de Roville, donnent, à quelques myriamètres de chez lui, dans les prairies granitiques des Vosges, des résultats tellement avantageux que les montagnards vosgiens parcourent chaque année les départements environnants, pour en enlever toutes les cendres lessivées qu'ils peuvent y acheter. »

Quant à M. Boussingault, je trouve son opinion dans son ouvrage intitulé : *Économie rurale, considérée dans ses rapports avec la chimie, la physique, et la météorologie*. La voici :

DES SELS ALCALINS.

« *On ne saurait douter que les sels à base de potasse ou de soude ne soient favorables à la végétation.* L'efficacité des cendres végétales, l'écobuage, prouvent l'utilité incontestable de ces bases, que l'on retrouve constamment dans la constitution des plantes. Il est même certaines cultures qui demandent, pour prospérer, un alcali spécial : la vigne, par exemple, dont le fruit renferme du tartrate acide de potasse; l'oseille, dont la feuille contient du bi-oxalate de la même base, doivent nécessairement trouver de la potasse; les plantes cultivées pour obtenir la soude artificielle exigent également que cet alcali se rencontre dans la terre.

» Il paraît cependant que les sels de soude ou de potasse ne doivent entrer que pour une très faible proportion dans le sol. Du moins, toutes les expériences entreprises pour constater l'action de différentes substances salines sur la végétation, n'ont conduit à aucun résultat définitif. M. Lecoq a publié des recherches qui paraissent faites avec beaucoup de soins, et desquelles il résulterait que le sel marin, appliqué à une dose qui a varié de 150 à 300 kilogrammes par hectare, favorise la culture de l'orge, du froment, de la luzerne et du lin. Le chlorure de calcium, le sulfate de soude, agiraient dans le même sens. M. de Dombasle est arrivé de son côté à une conclusion différente, relativement à l'emploi du chlorure de sodium. Le sel marin, administré suivant les doses prescrites par M. Lecoq, n'a produit aucun effet appréciable sur les cultures. Dans ses recherches, M. Lecoq aurait peut-être dû commencer par déterminer, en opérant sur une grande échelle, la proportion des sels alcalins existant dans les terres sur lesquelles ont porté ses expériences. Il a pu arriver qu'il ait opéré sur un sol manquant entièrement de principes salins; et, dans ce cas, on concevrait l'effet favorable des sels introduits, car il n'est pas impossible que, passé une certaine dose, l'action des sels cesse d'être perceptible*. »

Ainsi les expériences de M. Lecoq ont eu d'admirables résultats; les trois hommes dont on veut lui opposer l'opinion ne le contestent en aucune manière. Seulement les expériences de M. de Dombasle, faites dans d'autres conditions, n'ont rien produit, pas plus que ses essais de la chaux, des cendres et de la marne, dont cependant l'efficacité comme amendement des terres n'est plus contestée par personne, après toutefois l'avoir été long-temps, même par de bons esprits; enfin M. Boussingault, qui, lui, n'a pas expérimenté, constate les faits et conclut qu'on n'est pas arrivé à un résultat *définitif*, tout en déclarant qu'*on ne saurait douter que les sels à base de potasse et de soude ne soient très favorables à la végétation.*

Il n'y a dans tout cela négation de l'efficacité du sel comme amendement ni par M. Puvis, ni par M. de Dombasle, ni par M. Boussingault, et l'honorable

* « Mes expériences ont été faites sur le terrain de la Limagne d'Auvergne, qui ayant été couvert autrefois d'eaux minérales salées et ameubli par de nombreux débris volcaniques qui contiennent ou ont contenu du sel, doit avoir besoin d'une quantité moindre que les sols granitiques sur lesquels je n'ai pas expérimenté »

M. Lecoq. *Lettre du 27 novembre 1846.*

rapporteur à la chambre des pairs est mal fondé à prendre pour appui dans son argumentation une contradiction entre ces hommes distingués.

J'ai annoncé la citation d'autres autorités en faveur de l'efficacité du sel comme amendement. Commençons par la plus respectable. Nous lisons dans l'Ecriture sainte ces paroles de Jésus à ses disciples : « Le sel est bon ; mais si le sel a perdu sa saveur, avec quoi peut-il être assaisonné ? IL NE PEUT PLUS SERVIR POUR LA TERRE NI POUR LE FUMIER. » (*Saint Luc*, chap. XIV, v. 34.)

Pline rapporte que les cultivateurs de l'Assyrie répandaient du sel autour des tiges de leurs palmiers pour les fortifier et en augmenter les produits.

Dans la Chine et dans l'Inde (dit M. Fawtier), depuis un temps immémorial, on emploie le sel pour féconder les jardins et les champs ; en Pologne, dans les parties voisines des mines de sel, les résidus de la préparation de cette substance sont recueillis avec soin pour amender les terres.

Bernard Palissy, qui le premier enseigna l'histoire naturelle en France, donnait, il y a 300 ans, une théorie des engrais dans laquelle les sels sont présentés comme les agents les plus actifs de la végétation, « théorie, dit Hoëfer dans son *Histoire de la chimie*, que l'expérience de nos jours a parfaitement confirmée ; il est évident que ce sont les sels qui jouent le principal rôle dans l'action des engrais. »

Condillac a écrit que « le sel est nécessaire aux hommes, aux bestiaux et même aux terres, *pour lesquelles il est un excellent engrais.* »

Mirabeau, dans sa théorie de l'impôt, déplorant que le pâturage soit défendu dans les trois lieues des bords de la mer, ajoute : « Dans cette économie forcée, nous sommes de bien pire condition que nos voisins, qui répandent du sel sur leurs terres pour les amender. »

« En 1792, la société d'agriculture de Paris, dit Sylvestre, l'un de ses membres (*Annales de l'agriculture de France*), a vu réussir le sel sur les terres des environs de la capitale. Celle de Marseille s'est également assurée de ses bons effets dans le territoire de cette ville, en l'an 13 et 14. Voici les termes de son rapport. « Le produit du blé sur le terrain où on a répandu le muriate de soude surpasse de beaucoup, proportionnellement, celui qui est venu sur l'engrais ordinaire, quoique nous eussions fait répandre un excès de fumier sur cette dernière partie. »

En 1804, Tessier, membre de l'institut national, dans le même ouvrage, constate « qu'en Bretagne le sel est employé comme engrais ; qu'il est bon contre la maladie des blés ; qu'il produit de superbes grains, sans produire de mauvaises herbes, et prévient la détérioration des semences. »

En 1823, Bosc, inspecteur-général des pépinières de France et de celles du gouvernement, et aussi membre de l'institut, dans un ouvrage publié par la section d'agriculture sous ce titre : *Nouveau Cours d'agriculture théorique et pratique*, écrivait ceci :

« Il est plusieurs cantons en Europe où on fait, de temps immémorial, usage du sel comme amendement, la ci-devant Bretagne, par exemple ; et aujourd'hui des expériences nombreuses constatent son efficacité sous ce rapport, mais en même temps la difficulté de le doser convenablement. »

Chaptal, dans sa *Chimie appliquée à l'agriculture*, dit « que les sels doivent être inséparables des engrais, qui agissent d'autant mieux qu'ils en contiennent davantage... Les sels sont nécessaires au végétal ; ils facilitent tellement l'action de ses organes qu'on les emploie souvent sans mélange..... Un peu de sel marin mêlé au fumier ou répandu sur le sol excite et anime les organes de la plante, et facilite la végétation. »

M. Ténard, dans son *Traité de chimie élémentaire ;* M. Payen, si je ne me trompe, dans plusieurs de ses remarquables publications ; M. le comte de Gasparin, dans son excellent cours d'agriculture, ont tous plus ou moins reconnu l'efficacité des sels sur la végétation.

« M. Houzeau-Muiron, disait naguère à la tribune l'honorable M. de Tracy, était un aussi bon citoyen qu'un homme instruit et dévoué à la chose publique, nous avons souvent causé des grands intérêts de l'agriculture. Il reconnaissait avec moi qu'une ère nouvelle s'ouvrait pour ses progrès.... L'agriculture, comme science, a fait des progrès, surtout dans la partie capitale, essentielle ; car toute l'agriculture est là, dans la partie des engrais... Le règne minéral joue un rôle important, malgré les partisans exclusifs des fumiers animaux. On emploie beaucoup, en Angleterre surtout, de pures substances minérales ; le nitrate de soude, par exemple, est employé en Angleterre dans des proportions très considérables. — Le muriate de soude n'est pas et ne peut rester indifférent à cette espèce de révolution. J'étais en correspondance avec M. Houzeau-Muiron, et à la fin d'octobre 1844, il m'écrivait pour m'annoncer l'envoi de certain engrais qu'il me recommandait. Il y avait entre autres, dans sa lettre, ce passage : « Si vos terrains sont de nature calcaire, je vous engage à faire l'essai du sel marin, soit à l'état sec, soit en dissolution ; je m'en suis très bien trouvé, notamment dans les terrains que je destinais aux prairies artificielles. »

M. Bella, directeur de l'institut agricole de Grignon, dans son rapport sur la question du sel au conseil général de l'agriculture, du commerce et des manufactures, démontre très péremptoirement cette propriété du sel.

Parmi les agents chargés, en 1845, de l'enquête sur la question de l'impôt, 47 directeurs des contributions directes, 21 directeurs des douanes ont rendu témoignage de cette opinion généralement répandue. La plupart ont attesté le large emploi que l'on faisait du sel comme amendement, avant sa cherté, et exprimé la conviction que l'abaissement du prix, par la réduction de l'impôt, ramènerait certainement cette pratique non oubliée, mais vivement regrettée des cultivateurs.

Voici quelques extraits de ce grand et curieux travail : « Les relais de mer mis en culture, les dunes nivelées, sur lesquelles on a apporté les vases de mer, donnent de magnifiques récoltes. Des essais nombreux ont démontré que, répandu sur le sol, le sel, seul ou mélangé avec le fumier, produit de très grands effets sur la végétation de toutes les plantes, particulièrement des légumineuses et des fourragères; qu'il rend celles-ci plus appétissantes et plus fortifiantes... Des expériences ont constaté que le sel commun, semé sur les labours, hâte la germination, augmente les gerbes d'un cinquième, et d'un quart le poids du grain... Le sel est bon même à la vigne... Avant sa cherté, on en faisait un très large emploi comme engrais; malgré l'élévation de son prix, cet usage est encore pratiqué par des agriculteurs aisés. Par l'abaissement du droit, il se répandrait dans toute la France, comme dans les départements où les cultivateurs peuvent se procurer du sel de provenance des tonneaux de morue, que le commerce se procure à 18 ou 20 c. le kilog... Cet amendement des terres est comparativement plus efficace et serait moins coûteux que les autres fumures, etc., etc... »

Un agriculteur d'Ile-et-Vilaine, M. de Béru, m'écrit :

« Dans 50 ares froment de printemps, j'ai semé un hectolitre de froment pesant 75 kil., et 75 kil. de sel.

» J'y ai récolté 19 hectolitres 22 litres de grain magnifique; sur le reste du champ, parfaitement fumé, j'ai eu aussi une très belle récolte, mais produisant, à très peu de litres près, la moitié moins.

» En 1838, l'hiver m'ayant gâté un champ de froment de 5 hectares, à tel point que tous ceux qui le voyaient disaient que je n'aurais pas récolté ma semence, je pris le parti de faire un sacrifice : j'achetai pour 270 fr. de sel que je semai sur mon froment, en le hersant, au printemps. Je récoltai un froment de qualité superbe; le produit fut, en grains, de 825 fr.

» Environ deux litres de sel, semés sur un are d'avoine noire, lui ont procuré, au milieu d'un champ de 5 hectares environ, 40 centimètres de hauteur, et du grain à proportion en plus que dans les autres parties du champ.

» Un champ de 5 hectares, qui a reçu pour 270 fr. de sel il y a sept ans, donne encore plus que les autres, et du grain tellement supérieur en qualité, que je le garde toujours pour semence. »

En Allemagne, nous pouvons citer sur cette question, Schipf, dans son *Manuel d'agriculture;* Schenck, dans son *Traité de la culture des prairies;* Hlubeck; Petdzolt; Pinckert, dans divers ouvrages récemment publiés; Thaër, conseiller du roi de Prusse; Liebig, l'un des plus grands chimistes de nos jours, et Kaufmann, célèbre professeur à l'université de Bonn, dont les expériences ont parfaitement réussi.

En Angleterre, Bacon, l'illustre fondateur de la méthode expérimentale, qui mourut en 1626, dans son ouvrage intitulé : *Sylva sylvarum*, écrit ceci : « On s'est assuré par l'expérience que, mêlé avec le blé, ou en général avec les graines, et semé en même temps, le sel a de puissants effets. »

En 1655, sir Hugh Platt (*Jewel house of art and nature*);

En 1748, le docteur Brownrigg (*Essay on salt*);

En 1762, John Mills (*Pratical Husbandry*);

En 1768, l'auteur du (*Farmer's Guide*);

En 1775, Watson, évêque de Landaff (*Chemical Essays*);

Le docteur Shaw; le docteur Darwin (*Phytologia*); le docteur Priestley (*Natural Philosophy*); John Pringle (*Philosophical Transactions*); lord Dundonald; Fred. Fincham; le docteur Holland (*Agricultural Survey of Cheshire*); Hollingshead (*Hinte to farmers*); le docteur Rees (*Cyclopedia*); Park (*Pamphlet on salt*); John Sinclair, dans les publications de la société royale d'agriculture de Londres, dont il était président, et aussi dans ses dépositions devant le comité de la chambre des communes; Georges Sinclair (*Prize essay on salt manure*); le révérend Cartwrigth (*Communications to the Board of agriculture*); sir Thomas Bernard (*Case of salt Duties*); M. Henri Waterton, dans un récent ouvrage dédié à lord Spencer, sous ce titre : *Treatise on alcali as a manure*; M. Cuthbert-William Johnson, dans son livre intitulé : *An Essay on the uses of salt in agriculture;* le célèbre chimiste Humphry Davy (*Elements of agricultural Chemistry*), et cent autres appelés à déposer dans l'enquête faite par le parlement anglais, expriment tous, et très nettement, leur conviction de l'efficacité du sel pour la fertilisation des terres.

En Italie, l'abbé Peyla attribue la même valeur au sel, dans un livre intitulé : *Essai sur la culture des prés*, ouvrage publié en 1801, et qui est regardé comme le manuel obligé des agriculteurs du Piémont.

Cette opinion est, du reste, admise par tous les gouvernements de l'Europe, qui ont successivement abaissé leur impôt pour le sel destiné à cet usage.

Le gouvernement anglais, en abolissant la taxe sur le sel en 1825, a inséré ce considérant dans la loi, qu'elle avait pour but de faciliter l'emploi du sel comme amendement : *For the purpose of being employed as manure for land.*

Je n'ai garde d'omettre l'autorité du gouvernement français lui-même, qui a reconnu officiellement les propriétés du sel comme engrais et amendement des terres. Une ordonnance du 19 juin 1816 concède aux propriétaires connus et bien famés la permission d'enlever les sablons, les cendres de salines, les débris de fourneaux et les curins nécessaires à *l'amélioration de leurs terres.*

Une autre ordonnance du 19 mars 1817, dans le but, comme on le lit dans son préambule, de ne pas compromettre les travaux agricoles des cultivateurs des départements voisins des côtes, qui ont l'habitude d'enlever le sablon par plusieurs centaines de voitures en un jour, et pour ne pas faire perdre aux terres la valeur qu'elles obtiennent par l'usage de ce sablon, qu'aucun *engrais ne peut remplacer*, permet le libre enlèvement des engrais de mer, sous la condition qu'ils seront immédiatement conduits et versés sur les terres qu'ils *sont destinés à fertiliser, ou mêlés avec l'espèce de fumier qui doit les recevoir.*

Enfin, une troisième ordonnance du 26 juin 1841 permet l'enlèvement et le transport des shlots et débris de fourneaux des fabriques, cendres, curins, etc., à destination des exploitations agricoles, conformément à l'article 12 de la loi du 17 juin 1840, dont tout le bénéfice, jusqu'aujourd'hui, se réduit à cette mince et exceptionnelle tolérance.

En présence de ces documents législatifs et du grand nombre d'autorités qui constatent l'emploi et préconisent l'efficacité du sel comme amendement des terres, on est surpris de lire, dans le rapport de M. Gay-Lussac, que *la commission n'a pu recueillir aucun renseignement positif à l'avantage de cette application, et qu'à peine il en est question dans les meilleurs ouvrages d'agriculture.*

Au reste, l'illustre savant lui-même n'avoue-t-il pas les avantages de cette application quand il dit dans son rapport, page 33 : *Si le sel devait servir à l'alimentation du bétail, il deviendrait inutile comme amendement, car toute sa masse serait très probablement suffisante, versée chaque année dans les terres par les fumiers destinés à les féconder.* N'y a-t-il pas là une reconnaissance implicite de l'utilité du sel mêlé aux fumiers ? Mais, pour que le sel arrivât à la terre de cette manière, il faudrait que le cultivateur pût en distribuer à son bétail, et l'honorable pair ne le veut pas. Quand nous demandons le sel pour le bétail, M. Gay-Lussac nous répond qu'il peut s'en passer parce qu'il en trouve suffisamment dans les plantes ; quand nous le demandons pour les plantes, M. Gay-Lussac nous dit qu'elles n'en ont pas besoin, parce qu'elles en seraient saturées par les sécrétions du bétail, dans l'alimentation duquel entrerait le sel. C'est de ce cercle vicieux que l'on prétend faire sortir cette conséquence, qu'il est inutile de mettre le sel à la portée de l'agriculture par l'abaissement du droit. De bonne foi, une telle conclusion, tirée de pareilles prémisses, est-elle admissible ?

Mais ceci sera traité plus tard dans une réponse au rapport de l'illustre pair. Je voulais seulement, dans ce moment, essayer de prouver, à l'aide de témoignages considérables, l'efficacité du sel comme amendement. Je crois avoir rempli le but que je m'étais proposé, à l'exemple des hommes qui, dans le temps, préconisaient l'emploi du gyps et de la chaux, et n'éprouvèrent pas moins de difficultés à démontrer une vérité maintenant acceptée par tous les savants et pratiquée par tous les agriculteurs.

CHAULAGE DES SEMENCES.

Un autre emploi non moins important du sel, ce serait pour le chaulage des semences et comme préservatif de la carie des blés. L'honorable rapporteur à la chambre des pairs, qui se fait (à tort, nous l'avons vu) une arme de l'opinion de M. de Dombasle contre l'efficacité du sel comme amendement, trouvera bon que nous citions ici ce que dit à cet égard cet habile agronome. Je prends encore cette citation dans l'ouvrage de M. Fawtier.

« Indépendamment de ces diverses manières d'employer le sel dans leur industrie, les cultivateurs peuvent encore s'en servir, à leur grand profit et à l'avantage de la société entière, pour préserver leurs récoltes de froment des ravages de la carie. Ce fait, constaté depuis long-temps par la pratique de quelques parties de l'Europe, et notamment de la Grande-Bretagne, a été confirmé de la manière la plus évidente par dix-neuf expériences comparatives faites à Roville sur divers échantillons de froment carié semés en 1831.

» Il résulte de ces expériences que, parmi les diverses substances employées comme préservatif de la carie, le sel a donné le résultat le plus décidément avantageux.

« L'addition du sel commun à la chaux, dit à cette occasion M. de Dombasle, accroît à un très haut degré l'action destructive que cette dernière exerce sur les germes » de la carie.

» Depuis long-temps le sel est employé très fréquemment à cet usage en Angleterre. Selon le rapport d'Arthur » Young, cette pratique doit son origine à une observation » fournie par le hasard. Dans une année où la carie infestait » à un haut degré les récoltes de froment, on remarqua » l'absence complète de la carie dans toutes celles qui provenaient de grain sauvé d'un navire submergé, et qui » avait été plongé dans l'eau de la mer.... Depuis cette » époque, on fait généralement usage en Angleterre de solution de sel, soit en l'employant seul, soit en y mêlant » de la chaux ou d'autres substances, et les cultivateurs » anglais regardent ce moyen comme très efficace pour la » destruction de la carie.

» En France, on ne croit guère à l'efficacité du sel employé dans ce but. Cette opinion, que j'ai partagée et que » j'ai peut-être contribué à propager par quelques-unes de

» mes publications précédentes, était fondée sur des observations publiées précédemment par un agronome dont le nom fait autorité; mais l'expérience dont je viens de rendre compte ne peut guère laisser de doutes sur la puissante efficacité du sel dans ce cas. » (*Annales de Roville*, VIIIe livraison, page 348.)

» Dans l'expérience dont il s'agit ici, M. de Dombasle avait plongé pendant deux heures du blé-froment carié dans une solution formée de 50 litres d'eau, 5 kilogrammes de chaux et de 8 hectogrammes de sel commun. »

Ces expériences de M. de Dombasle sont confirmées par la pratique des meilleurs agronomes anglais, et par les témoignages des agents du gouvernement, consignés dans l'enquête.

ALIMENTATION DU BÉTAIL.

C'est encore avec l'autorité de M. de Dombasle que M. Gay-Lussac cherche à amoindrir la valeur du sel pour l'alimentation du bétail. Nous lisons, page 15 de son rapport :

« *Tandis que les partisans exaltés du sel prétendent que trois kilogrammes de foin salé en valent quatre de foin non salé; qu'avec un kilogramme de sel on peut en produire dix de graisse ou de viande, un de nos plus savants praticiens en agriculture, Mathieu de Dombasle, s'exprime de la manière suivante dans les* Annales agricoles de Roville, 1829, *tout en blâmant l'impôt du sel.*

« *On a considéré sous d'autres points de vue les inconvénients de l'impôt sur le sel, relativement à l'agriculture; mais il me semble qu'il y a des exagérations dans les allégations présentées par beaucoup de personnes sur les avantages que l'agriculture pourrait tirer de l'emploi du sel, s'il était à bas prix, soit en l'administrant aux bestiaux, soit en l'employant comme amendement sur les terres; du moins, je n'ai jamais remarqué, ni dans ma pratique, ni dans les observations que j'ai été à portée de faire, aucun fait qui puisse justifier la haute utilité que beaucoup de personnes attribuent à l'usage de donner du sel au bétail.* »

» *Voilà comment s'exprimait, en 1829, un savant agro-*

nome, qui fait autorité en France, et dont l'opinion n'a fait que se fortifier depuis du résultat de nouvelles expériences. »

Le résultat de ces expériences démontre précisément le contraire de la conclusion erronée qu'en a tirée M. de Dombasle, ainsi que l'établit parfaitement M. Fawtier. Voici comment ce savant élève de M. de Dombasle met en évidence l'erreur dans laquelle celui-ci est tombé à ce sujet :

« Le sel, disait M. de Dombasle, contribue puissamment » à entretenir la santé de tous les bestiaux ; mais, dans l'en- » graissement, l'emploi de cette substance est une condition » indispensable. Lorsque l'animal commence à prendre la » graisse, son appétit diminue ; et, si on ne l'excite pas au » moyen du sel, l'animal mange peu, l'engraissement est » fort lent, et par conséquent fort coûteux. On peut appré- » cier par-là la grande importance du sel dans l'engraisse- » ment du bétail, et on peut juger combien il est fâcheux, » pour le succès de cette partie intéressante de l'économie » agricole, que le prix de cette denrée soit tel que l'usage » en est nécessairement très restreint. » (*Annales de Roville*, 2e livraison.)

» M. de Dombasle écrivait ces lignes en 1825. Quelques années après, des doutes s'élevèrent dans son esprit sur la réalité de l'action utile du sel pour l'engraissement*, et en conséquence il entreprit une expérience comparative dont il rendit compte dans la 7e livraison de ses *Annales*.

---

* Cette variation d'opinion de la part de M. de Dombasle fut chèrement payée, comme nous l'apprend M. le docteur Turck, dans un *Mémoire sur les obstacles à l'amélioration de l'agriculture*. Nous y lisons : « Un de mes oncles, M. Bertier, propriétaire de la terre de Roville, donna pendant quarante ans du sel à ses moutons, qui se portaient très bien, malgré les pâturages humides situés au niveau de la Moselle. M. Mathieu de Dombasle, devenu son fermier, venait d'écrire, au temps de la restauration, un mémoire pour démontrer que le sel est inutile à l'agriculture et aux animaux, et qu'il est une matière essentiellement imposable. Il voulut joindre l'exemple au précepte, et son troupeau périt presque en totalité, victime de la cachexie aqueuse, maladie essentiellement due à l'affaiblissement des sécréteurs acides, et caractérisée aussi par de nombreuses lésions des poumons, du foie et des séreuses, appartenant tous au système opposé. »

» Pour cette expérience, M. de Dombasle forma deux lots composés de 8 moutons chacun, de même race et de même âge. Ces deux lots, pesés avant l'expérience, présentaient, à très peu de chose près, le même poids. L'expérience dura quatre semaines, pendant lesquelles la consommation en fourrages, par chaque lot, fut exactement la même. Un des deux lots seulement reçut du sel à la dose totale de 13 onces et demie pour les quatre semaines. Au bout de ce temps, ce dernier lot présentait une augmentation de 81 livres et demie, et l'autre, une augmentation de 78 livres seulement; différence, trois livres et demie en faveur du lot qui avait reçu du sel. Voici la conclusion de M. de Dombasle : « Cette dif- » férence doit être considérée comme insignifiante,.... en » sorte qu'il est extrêmement douteux que le sel ait produit » ici aucun effet. » Cette conclusion, que je ne saurais adopter, ne me semble point logique, et il me paraît évident que, dans cette circonstance, M. de Dombasle s'est laissé entraîner par une fâcheuse disposition de l'esprit humain à espérer toujours obtenir des résultats extraordinaires et à exagérer l'action des principes qui, en réalité, ne peuvent être féconds que dans les limites ordinaires de la production.

» Or, si nous examinons, sous le point de vue du possible et de ce que l'on peut raisonnablement espérer en industrie, les résultats de M. de Dombasle, nous serons bientôt amenés à une conclusion tout opposée à celle qui a été portée par cet esprit si éminent et si calme d'ailleurs.

» Remarquons d'abord que cette augmentation de 3 livres et demie de viande, si minime, considérée isolément, n'est en réalité précédée que par la consommation d'une faible dose de 13 onces et demie de sel, absorbée en 28 jours par 8 moutons. En conséquence, ces animaux n'ont pas même reçu 2 grammes de sel par tête et par jour, lorsque nous avons vu que, dans quelques pays, les cultivateurs donnent jusqu'à 12 grammes, surtout dans l'engraissement. On pourrait donc déjà objecter que la faible augmentation obtenue par M. de Dombasle n'est due qu'à la parcimonie avec laquelle les animaux qui ont servi à l'expérience ont été approvisionnés de sel.

» Néanmoins, si l'on envisage ce même résultat sous son véritable point de vue, on sera étonné de l'avantage pécuniaire relatif qu'il constate dans l'emploi du sel.

» En effet, la véritable question est ici de savoir ce qui réellement a produit cette augmentation, quelque faible qu'elle soit.

» Les deux lots de moutons soumis à une expérience comparative avaient le même poids; leur consommation a été la même. Seulement, l'un reçoit 13 onces et demie de sel, l'autre n'en reçoit point. Le premier augmente de 3 livres et demie de viande de plus que l'autre. Que doit-on conclure? Nécessairement que 13 onces et demie de sel ont produit 3 livres et demie de viande, c'est-à-dire que le kilogramme de sel a produit plus de quatre kilogrammes de viande. Or, le kilogramme de sel vaut tout au plus 40 cent.; le kilogramme de viande vaut au moins 1 fr. Donc 40 c. de sel ont produit 4 fr. de viande; donc le sel, employé à l'engraissement du bétail, d'après l'expérience de M. de Dombasle, a produit un bénéfice de 1,000 pour 100 en moins d'un mois...! Que penser après cela de la conclusion de M. de Dombasle?

» Dans une expérience de M. Amédée Turck, docteur à Plombières, quatre lots, de cinq moutons chacun, sont nourris à discrétion; les 2e, 3e et 4e lots reçoivent du sel, le premier n'en reçoit pas.

» Le 1er lot augmente de 9 pour 100 de son poids;

2e	—	10	—	id.
3e	—	21	—	id.
4e	—	14	—	id.

» Ainsi, le lot qui n'a pas reçu de sel augmente le moins; et si l'augmentation des 2e et 4e lots n'est guère plus élevée que celle du lot qui n'a point reçu de sel, c'est que M. Turck, dans le but de varier ses essais, a donné aux 2e et 4e lots du sel avec excès, à la dose de 24 grammes par tête et par jour, c'est-à-dire à dose double du maximum indiqué par la pratique. Le 3e lot, au contraire, rationné, sous le rapport du sel, d'après la dose indiquée par les praticiens allemands, c'est-à-dire à raison de 12 grammes par tête et par jour, a présenté une augmentation de 21 pour 100, ou plus du double de celle du lot privé du sel.

» Or, comme ce troisième lot a donné, sur celui qui n'a point reçu de sel, une augmentation de 14 kilogr. et demi de viande, qui sont nécessairement le résultat de 60 grammes de sel consommés par les cinq moutons composant ce lot, il en résulte que, dans cette expérience qui a duré 28 jours, un kilogr. et demi de sel a produit 14 kilog et demi de viande! Ainsi se trouve confirmé le proverbe suisse: *Une livre de sel fait dix livres de viande.* »

En 1842, M. Moll, professeur d'agriculture au conservatoire des arts et métiers, au retour d'un voyage en Allemagne, en Belgique et en Suisse, où il avait été envoyé par le gouvernement pour recueillir tous les faits susceptibles d'éclairer la question de la production des bestiaux, s'exprimait ainsi dans son rapport adressé à M. le ministre de l'agriculture :

« Qu'il me soit permis, en terminant, de signaler encore une cause d'infériorité pour nos producteurs et nos engraisseurs de bestiaux, dans le haut prix du sel et dans l'impossibilité où ils sont d'en faire usage pour leurs bestiaux. Je sais que des hommes distingués ont nié l'utilité du sel pour les bestiaux ; toutefois, quand cette utilité est reconnue chez tous les autres peuples et sanctionnée par l'expérience des siècles, il me semble difficile de ne pas l'admettre. Il n'y a qu'une opinion, chez les engraisseurs et chez les bouchers d'outre Rhin, sur l'influence avantageuse qu'exerce le sel, non-seulement sur la marche de l'engraissement, mais encore sur la qualité de la viande. »

Consulté plus récemment sur la valeur du proverbe : *Ein pfund saltz macht zehn pfund schmaltz*, valeur d'ailleurs assez bien prouvée par la supériorité du bétail et de la production en viande dans les pays où cet axiome guide la pratique des cultivateurs, le savant professeur faisait cette réponse :

« Jusqu'à quel point ce proverbe est-il vrai ? C'est ce que je n'oserais dire. Je crois cependant que dans une foule de circonstances l'action du sel sera plus efficace encore. En d'autres termes, je pense que le grand nombre de têtes de bétail sauvées de la mort, rétablies de maladies, disposées favorablement pour l'engraissement, l'immense quantité de fourrages améliorés, le tout par son emploi, porteraient l'action du sel *à un chiffre plus élevé que ne l'indique le proverbe allemand*. Je suis également disposé à croire qu'en moyenne, *trois kilogrammes de foin salé valent plus que quatre kilogrammes de foin non salé.* »

M. le ministre de l'agriculture, dans une circulaire adressée en 1845 aux cultivateurs, sanctionne cette dernière opinion de sa parole, si compétente sur la matière. Assurément le reproche d'*exaltation* ne saurait atteindre de pareilles autorités.

Du reste, cette opinion sur l'efficacité du sel dans l'alimentation des animaux n'est pas d'hier, mais de tous les temps, de tous les pays ; elle est professée par les plus illustres savants, proclamée par les hommes les plus éminents des assemblées législatives de France et d'Angleterre, pratiquée par les meilleurs agronomes et répandue parmi tous les agriculteurs, comme le constate l'enquête faite dans toute la France par les agents du gouvernement.

Il y a deux mille ans que Caton *(De Re rustica)* disait : « Mettez à couvert vos meilleures pailles, répandez-y du sel, et donnez-les ensuite pour du foin. »

Virgile, dans le 3e livre des *Géorgiques*, constate ainsi les avantages du sel : « Que celui qui apprécie le laitage serve souvent, de sa propre main, à ses vaches, le cythise et les herbes salées ; par là leur soif est aiguisée, leurs mamelles se remplissent davantage, et le sel porte dans leur lait une saveur mystérieuse. »

Ce qui inspire à Delille cette réflexion : « Il faut que le sel soit bien salutaire pour les bestiaux, puisque nos paysans leur en donnent toujours, malgré les précautions qu'on a prises pour rendre chère une chose si commune et si nécessaire. »

Pline, dans son *Histoire naturelle*, dit, en parlant du sel marin : « Les moutons, le gros bétail, les bêtes de somme y trouvent aussi le stimulant le plus puissant, et lui doivent l'abondance de leur lait, le goût exquis de leur fromage. »

Au 5e siècle, l'agronome Palladio écrivait : « Le sel, fréquemment répandu sur les pâturages, prévient le dégoût des troupeaux. »

Au 16e siècle, Bernard Palissy enseigne l'utilité du sel pour les animaux.

Au 17e siècle, Buffon écrivait ces éloquentes paroles :

« La recherche du sel est prohibée, et même l'usage de l'eau qui en découle nous est interdit par une loi fiscale, qui s'oppose au droit si légitime d'user de ce que la nature nous offre avec profusion; loi de proscription contre l'aisance de l'homme et la santé des animaux, qui, comme nous, doivent participer aux bienfaits de la mère commune, et qui, faute de sel, ne vivent et ne se multiplient qu'à demi ; loi de malheur, ou plutôt sentence de mort contre les générations à venir, qui n'est fondée que sur le mécompte et l'ignorance, puisque le libre usage de cette denrée, si nécessaire à l'homme et à tous les êtres vivants, ferait plus de bien et deviendrait plus utile à l'état que le produit de la prohibition, car il soutiendrait et augmenterait la vigueur, la santé, la propagation, la multiplication des hommes et de tous les animaux utiles. La gabelle fait plus de mal à l'agriculture que la grêle et la gelée; les bœufs, les chevaux, les moutons, tous nos premiers aides dans cet art de première nécessité et de réelle utilité, ont encore plus besoin que nous de ce sel qui leur était offert comme assaisonnement de leur insipide herbage, et comme un préservatif contre l'humidité putride dont nous les voyons périr; tristes réflexions que j'abrège en disant que l'anéantissement d'un bienfait de la nature est un *crime* dont l'homme ne se fût jamais rendu coupable s'il eût entendu ses véritables intérêts. »

En 1787, de Calonne, dans le mémoire présenté au nom du roi à l'assemblée des notables, dit qu'il faut régler l'impôt de telle sorte « qu'il n'empêche pas de faire servir le sel à l'engrais des terres et à la conservation des bestiaux. »

En 1789, au nom de l'intérêt agricole, l'assemblée nationale décrète en principe l'abolition de la gabelle;

En 1790, elle l'abolit en fait, et arrête que la vente du sel appartenant à l'état se fera au prix du commerce, déterminant néanmoins un maximum de trois sous par livre, maximum qui fut, en 1793, réduit à deux sous.

En 1799, pour repousser une troisième tentative du directoire de rétablir un impôt d'un sou par livre sur le sel, Rivoallan, Chaigneau, Chassiron, Lemercier, Loysel, Briot, Beslay, Cornet, Baudin, Lassay, Giraud de Nantes, Lucien Bonaparte (dont j'ai donné ailleurs en partie le discours si remarquable), Barbé-Marbois, Boulay de la Meurthe, proclament l'utilité, la nécessité du sel pour l'agriculture. Dans l'impossibilité de tout citer, je rapporterai seulement quelques paroles de ces deux derniers hommes, qui ont laissé de si beaux souvenirs dans nos assemblées législatives :

« Le sel, dit Barbé-Marbois, ne doit pas être regardé seulement comme un objet de première nécessité : le bétail en reçoit une grande amélioration; les épizooties sont rares, elles sont à peine connues dans les lieux où le sel peut leur être distribué libéralement. »

« Dans certains départements, dit Boulay de la Meurthe, le sel est plus nécessaire encore aux bestiaux qu'aux hommes. Les fourrages y sont imprégnés d'une humidité putride, et on ne peut les rendre salutaires qu'en les réchauffant avec du sel. Depuis long-temps la Suisse nous fournit des bœufs; c'est surtout par cette fourniture qu'elle a épuisé notre numéraire dans le cours de la révolution. Il a été un temps où c'était nous qui lui en vendions; mais depuis que nous lui donnons nos sels à très bas prix, et que nous les payons, nous, très cher (car ce scandale existait dans l'ancien régime)*, la Suisse s'enrichissait à nos dépens..... Mais, outre l'éducation des bestiaux, qui peut consommer une quantité incalculable de sel, la plupart des terres de ces départements sont si froides qu'elles ont besoin d'être réchauffées avec des cendres mêlées de sel. »

Avant les hommes que nous venons de citer, déjà Condillac avait écrit :

« Le sel, fort commun dans nos quatre monarchies, était, par la liberté du commerce, à un prix proportionné aux facultés des citoyens les moins riches, et il s'en faisait une grande consommation, parce qu'il est nécessaire aux hommes, aux bestiaux et même aux terres, pour lesquelles il est un excellent engrais..... Le monopole du sel fit hausser tout à coup son prix d'un à dix..... La consommation diminua. Le sel fut donc un engrais enlevé aux terres; on cessa d'en donner aux bestiaux, etc., etc. »

Plus tard, Mirabeau, dans sa *Théorie de l'impôt*, s'exprimait ainsi :

« Mon système, à moi, pour rendre un droit rapportant, est absolument contraire à celui que suivent vos fermiers; car je soutiens qu'un droit rapporte en raison de ce qu'il est léger. Ce droit ici doit être très modique, pour éviter toute contrebande, toute gêne, toute garde, dont les frais sont très dispendieux. La charge de ces frais retombe sur l'usage de la denrée; elle en diminue la consommation par une économie forcée qui retranche le nécessaire aux hommes, et surtout aux bestiaux, qui seraient le plus grand profit de la culture par les élèves qu'elle fait en ce genre, et qui périssent au contraire chaque jour, faute du sel qui leur est si salubre. Le pâturage est défendu dans les trois lieues des bords de la mer : dans cette économie forcée, nous sommes de bien pire condition que nos voisins, qui répandent du sel sur leurs terres pour les amender.

---

* Ce scandale existe encore aujourd'hui, malgré 89 et 1830 !

» En réduisant au plus bas prix le sel (il voulait un impôt d'un sou la livre), nous en fournirons à l'Europe entière, et nos consommations *tripleront.* »

Ailleurs, après une chaleureuse sortie contre les gouvernements qui, en s'emparant des salines, ont tari pour les particuliers cette source de bien-être, Mirabeau s'écrie : « Quel mal ne fait pas l'impôt indirect qui porte sur le sel ! »

En 1814, M. Franconville, rapporteur à la chambre des députés de la loi de douanes qui, par raison de nécessité, fixait l'impôt du sel à 3 décimes par kilogr., développant les considérations qui devaient *faire restreindre cet impôt à l'année* 1815, s'exprimait ainsi :

« L'agriculture aurait aussi à souffrir du haut prix du sel. Sagement administré aux troupeaux, il est favorable à leur santé comme à leur reproduction ; on ne saurait donc en rendre l'usage trop commun et trop à la portée des habitants des campagnes ; ainsi, comme source de richesse publique, nous devons apporter tous nos soins à multiplier sa consommation. »

Parmi les membres de cette législature, MM. Desgraves, Lahir, Delzons, Louvet, Faulcon, Casenave, Beslay et nombre d'autres, proclamaient à la tribune la nécessité du sel dans les exploitations agricoles.

En 1825, Casimir Perrier disait, à la tribune nationale :

« N'abandonnez pas les marais salants, secourez-les par la destruction de l'impôt ; ce sera un moyen de leur donner un développement ÉNORME, et en même temps de fournir à notre agriculture le moyen de rivaliser avec l'étranger, surtout pour l'éducation et la vente des bestiaux. »

Depuis, comme avant cette époque, les mêmes doctrines agricoles n'ont pas cessé d'être enseignées.

Chaptal, dans sa *Chimie appliquée à l'agriculture*, écrivait :

« Le sel est le premier besoin des animaux ruminants ; il sert d'assaisonnement à leur insipide nourriture, il excite les forces de leurs estomacs débiles, il prévient les obstructions et les engorgements....

» L'impôt sur le sel est une véritable calamité pour l'agriculture; il a tari plusieurs sources de la prospérité publique, et il lui coûte plus qu'il ne rapporte au trésor. »

Conséquent aux convictions du savant, homme politique, il disait :

« Lorsque le sel était à bas prix, l'agriculture pouvait en donner à ses bêtes à cornes, bœufs et moutons, elle le mêlait avec le fumier pour exciter la végétation. En Provence, on le répandait au pied des oliviers pour leur donner de la vigueur. Du moment qu'il a été grevé de l'impôt, l'usage s'est borné à assaisonner nos aliments et aux salaisons.

» Dès ce moment l'agriculture a perdu un de ses plus grands moyens de prospérité : il suffit, pour s'en convaincre, de comparer l'état des animaux auxquels on peut donner une bonne ration de sel avec l'état de ceux qui en sont privés; ces derniers, quoique nourris avec la même quantité et la même qualité de fourrage, sont maigres, souffrants, dévorés d'obstructions pendant l'hiver; la peau des bœufs et des vaches est dépouillée de poil; les toisons des moutons se détachent de l'animal et tombent par flocons, tandis que les premiers présentent tous les caractères d'une parfaite santé, et assurent à leurs propriétaires un meilleur service et une dépouille plus avantageuse. »

En 1825, Bosc, inspecteur-général des pépinières du gouvernement, membre de l'institut, s'exprime ainsi, dans les *Annales d'agriculture :* « Les cultivateurs non-seulement ont besoin de sel pour leur consommation personnelle, mais encore pour entretenir leurs bestiaux en santé. Sous ce dernier rapport, l'impôt dont il est chargé dans la totalité des états de l'Europe est une calamité pour l'agriculture. »

En 1851, M. Thénard disait à la chambre des députés : « Sans doute, si la situation du trésor le permettait, il faudrait diminuer ou même supprimer l'impôt sur le sel, non-seulement pour que la classe ouvrière pût se le procurer à un prix beaucoup plus bas, mais aussi pour permettre à l'agriculture d'en faire usage. »

M. Boussingault, membre de l'institut, dans son livre sur l'*Economie rurale*, écrit : « En France, on est malheureusement réduit à donner du sel avec une parcimonie excessive et que je considère comme désavantageuse à l'industrie agricole..... Ma conviction en faveur du sel administré au bétail est formée depuis long-temps. J'ai constaté, par exemple, que des vaches laitières, nourries uniquement avec des pommes-de-terre, n'ont pu supporter ce régime qu'autant qu'on leur administrait une dose de sel qui s'élevait à 70 grammes par jour..... C'est surtout dans la saison chaude que le sel marin est favorable. Dans les steppes de la zône équatoriale, on considère comme parfaitement avéré que le bétail ne peut pas vivre sans sel... Quand un troupeau prospère dans une steppe, on peut être assuré qu'il existe un *salado*, c'est-à-dire un endroit d'où il suinte de l'eau salée *. »

M. Bella, directeur de l'institut agricole de Grignon, dans son rapport sur cette question au conseil général de l'agriculture, des manufactures et du commerce, développe ainsi les mêmes doctrines agricoles :

« La consommation du sel par les animaux laisse bien à désirer encore, puisque cette consommation a été presque nulle jusqu'à présent, excepté dans quelques parties montagneuses du pays où les bestiaux ne pourraient résister à l'humidité et au froid, s'ils ne recevaient cette provende, et où on la leur donne d'autant plus souvent que le temps est plus mauvais et les herbes moins nutritives.

» Et pourtant, le sel est partout aussi nécessaire pour le bétail que pour l'homme. Cela a été si bien compris dans les localités où le bas prix du sel a permis d'en faire usage, que les animaux en reçoivent des quantités considérables, 15 à 25 kilogrammes par tête de gros bétail. Il n'est pas douteux que l'usage de cette précieuse matière ne soit pour beaucoup dans la vigueur et la beauté des animaux de ces pays. Il y a plus, c'est qu'on cherche en vain à améliorer nos races par des croisements, si, avant tout, on n'améliore leur alimentation, et si, pour cela, on n'a recours au sel. C'est par la

---

* M. Boussingault vient de commencer, sur deux lots de trois têtes de bétail chaque, une expérience de l'efficacité du sel dans l'engraissement; il sera temps de l'examiner quand elle sera terminée. D'ici là nous croyons que les conséquences qu'on voudrait en tirer seraient prématurées. Disons seulement que nous serions bien étonné si M. Boussingault se décidait, par suite de son expérience, à retrancher à ses 60 têtes de bétail les 300 ou 400 kil. de sel qu'il leur distribue chaque année.

bouche qu'on améliore le bétail, disent les Anglais, et ils ont raison.

» Grâce au sel, les animaux peuvent résister aux circonstances les plus fâcheuses. Les bêtes à laine vivent sans maladies dans les marais inondés de la Hollande : c'est au sel qu'elles le doivent. Si les bestiaux de toutes sortes peuvent résister aux climats rigoureux des hautes montagnes, aux froids, aux pluies, c'est grâce au sel. Les cavaliers savent aussi combien ils aident leurs chevaux à supporter les fatigues et les privations, et la mauvaise nourriture, en leur donnant du sel. En ce moment, les résidus des pommes-de-terre profondément altérées et en partie pourries sont une nourriture beaucoup meilleure pour les moutons, grâce à un supplément de sel, que les résidus des pommes-de-terre saines ne l'ont été les années précédentes, sans y ajouter du sel.

» On pourrait citer des engraissements de moutons déjà terminés, à cette époque de l'année, au moyen du résidu des pommes-de-terre gâtées, avec adjonction de 5 à 7 grammes de sel par tête et par jour, tandis que, les années précédentes, l'engraissement durait un mois de plus, quoique les pommes-de-terre fusssent saines; mais le sel n'était donné qu'une fois par semaine et en moindre quantité.

» C'est insister peut-être trop longuement sur ces détails; mais il est impossible d'oublier que la France, favorisée par son sol et son climat, n'a, en moyenne et relativement à d'autres pays, qu'un bétail assez imparfait; que nos bœufs ne pèsent, en moyenne, que 250 à 300 kilogrammes; et que nos chevaux, en général, laissent beaucoup à désirer. Néanmoins nos bestiaux représentent un capital énorme, et cette immense richesse pourrait être doublée facilement par une meilleure alimentation, et surtout par l'emploi du sel.

» Si, en 1845, tous les fourrages avariés avaient pu être salés, lors de leur tardive rentrée, au moyen de 10 à 12 kil. de sel pour 2,000 kil. de foin, on ne verrait pas aujourd'hui tant d'animaux souffrir devant une nourriture malsaine, qui leur répugne et qui peut leur donner diverses maladies.

» La salaison des mauvais fourrages a deux effets :

» 1° Celui de les rendre mangeables et de faire que les animaux les recherchent, parce qu'une saveur salutaire a été rendue à cette chétive nourriture;

» 2° Celui de rendre moins malfaisants et plus salubres les foins qui ont subi un commencement de détérioration, qui ont contracté mauvaise odeur et mauvais goût, et d'éviter par ce moyen les épizooties charbonneuses qui déciment les animaux de certaines contrées, chaque fois que des débordements ont envasé les foins ou que des pluies prolongées ont enlevé aux fourrages leur couleur, leur arome, et cette substance gommeuse qui constitue les qualités nutritives.

» A l'appui de cette pratique salutaire, on peut citer une exploitation dans le département de la Meurthe, dont le bétail n'a pas été atteint pendant dix ans, 1816 à 1826, par les épizooties qui ont souvent ravagé cette contrée, parce qu'on avait soin de faire battre les foins poudreux, de les faire saler et aromatiser. Sans le haut prix du sel, qui se vendait 35 centimes le 1/2 kil., beaucoup de cultivateurs eussent imité cet exemple frappant de la haute utilité de la salaison des foins avariés. »

Voici un fait qui confirme l'efficacité du sel comme préservatif contre les épizooties. Un cultivateur de Bians-les-Usiers m'écrit :

« J'ai dans mon écurie une vingtaine de bêtes (gros bétail). En 1842, une épizootie qui dura deux ans vint décimer le bétail de notre commune. Environné de tous côtés d'écuries atteintes du mal, abreuvant mes bêtes à la fontaine commune, où elles se trouvaient tous les jours en communication avec les malades, je déclare, et j'en atteste tous les habitants, que la maladie n'est pas entrée dans mon étable. Non-seulement je n'ai point perdu de bête, mais pas une n'a été atteinte. A quoi faut-il attribuer ce phénomène? Je déclare en toute sincérité n'avoir employé aucune précaution sanitaire dans mon écurie. La seule cause que je puisse avancer, c'est l'usage du sel donné abondamment. J'en donnais, avant la maladie, 50 kilogr. par mois. Dans la maladie et comme préservatif, le seul que j'aie employé, j'augmentai la ration d'un tiers. Je ne doute pas que je ne sois redevable à cette mesure de mon succès, et je crois que l'abondance du sel donné au bétail aurait pour effet, sinon de faire disparaître entièrement les épizooties, au moins d'en diminuer beaucoup les ravages.

» Je donne le sel dans le *léché* seulement, deux fois par jour. »

Cette déclaration est visée et certifiée véritable par les autorités de la commune.

M. Payen, professeur de chimie appliquée à l'agriculture au conservatoire des arts et métiers, dans le procès-verbal de la discussion sur la question du sel au congrès central d'agriculture (session de 1845), dit qu'il « croit qu'il est inutile d'insister sur l'utilité de l'emploi du sel dans l'alimentation des bestiaux ; il ne doute pas que l'opinion du congrès ne soit unanime à cet égard. » Un remarquable rapport fait dans ce sens par M. Hardouin est adopté sans objections.

En 1846, M. le président du congrès, dans son discours d'ouverture de la session, proclame que la chambre des députés vient de rendre un grand service à l'agriculture par le projet de réduction de l'impôt du sel.

M. Volowski, professeur d'économie politique, aussi au conservatoire des arts et métiers, dans la presse et dans ses enseignements, a souvent exprimé, et avec chaleur, la même opinion.

M. Jacques de Valserre, auteur du *Manuel du droit rural* et professeur de législation industrielle à l'école spéciale de commerce à Paris, commence en ces termes l'article qu'il consacre à cette question : « Le sel est un condiment indispensable à l'homme, aux animaux et même aux plantes, » et après avoir adopté les rations belges, il ajoute : « Cette dépense serait amplement compensée par l'amélioration des races, la diminution des pertes par suite d'épizooties, l'augmentation du rendement, enfin le développement considérable qui en résulterait pour l'agriculture. Un gouvernement, nous ne disons pas libéral, mais soigneux de ses intérêts, ne doit donc pas ajourner un seul instant la réduction de l'impôt sur le sel. »

M. le baron de Montgaudry, qui à de profondes connaissances théoriques joint l'avantage d'avoir pratiqué, s'exprime ainsi dans ses *Observations à M. Gay-Lussac* : « L'influence du sel sur les animaux attachés à la culture est de tous les moments ; elle commence à leur naissance, continue ses bienfaits pendant leur vie entière, et ne cesse qu'avec eux. Il contribue à assimiler les races à la taille et aux formes qui peuvent se maintenir dans les localités ; il en assure la santé, facilite l'engrais en augmentant ses avantages, et dans toutes les phases de la vie agricole il est une source d'économie et de profit pour le laboureur. »

M. Saphary, professeur de philosophie au collége

Bourbon, dans une éloquente brochure en faveur de la réduction, après avoir développé les avantages du sel distribué au bétail, parle ainsi de son emploi pour le fourrage :

« Cet emploi du sel serait donc encore chez nous, comme en Angleterre, une augmentation de valeur dans nos récoltes fourragères, et au lieu de n'avoir en France, comme aujourd'hui, qu'une tête et demie de bétail par habitant, nous pourrions bientôt marcher de front avec l'Angleterre, qui en compte près de trois. En Alsace, on appelle le sel *la bénédiction de l'agriculture.* »

M. Thomassy, ancien élève de l'école de Chartres, dans un remarquable ouvrage qui a pour but principal de dévoiler et d'arrêter les coalitions des producteurs, entre en matière par l'appréciation suivante de la valeur du sel :

« Le sel, produit du règne minéral, devient aussi le condiment des deux autres règnes de la nature. Le travail de la végétation, la vigueur des animaux, la santé de l'homme, sollicitent également l'usage de cette denrée, objet d'un goût universel. Le sel, employé avec mesure et à propos, a été surnommé la providence de l'agriculture. L'économie animale le réclame chaque jour comme digestif puissant et auxiliaire indispensable de la nutrition ; le sel, en un mot, est un besoin irrésistible pour l'homme, et lui est nécessaire au même titre que le pain. Riches et pauvres, chacun de nous en consomme une certaine quantité, et cette quantité, nécessaire à la vie, la société doit nous la fournir comme une substance que nulle autre ne peut remplacer. »

Il y a peu de jours qu'à la rentrée de l'école de médecine, M. Dumas, exposant de magnifiques aperçus en faveur de l'humanité, émettait ce noble vœu :

« J'aimerais à voir cette eau des mers, où viennent aboutir et se confondre tous les résidus de la vie, séparée en deux parts, obéir à la main de l'homme : lui donnant, dans les sels crystallisables qu'elle abandonne, la soude, *véritable aliment pour lui et pour les animaux qu'il associe à sa destinée;* laissant, dans les sels qui ne crystallisent pas, la potasse, aliment indispensable à la vigueur des plantes qu'il met en culture. »

Hier encore, ne lisions-nous pas dans un journal autorisé à donner des conseils au gouvernement, le *Journal des Débats* :

« Un résultat plus important pour la Suisse (que le développement très notable de son industrie manufacturière) est la découverte et l'exploitation de mines de sel considérables qui contribueront beaucoup à l'amélioration de son agriculture, de son élève du bétail, de son industrie des fromages, élément d'un grand commerce à la fois intérieur et extérieur. »

M. Lecoq, on l'a vu dans la première partie de cette brochure, professe la même opinion.

M. Puvis, dans sa lettre précitée, dit du sel : « Quant à son effet dans l'alimentation et l'engrais des bestiaux, je le crois très sensible et je regarde le sel marin comme un condiment généralement très utile à l'économie animale ; les témoignages sont tous uniformes là-dessus. Je n'ai donné personnellement le sel qu'à des moutons, pour les défendre de la cachexie aqueuse; mais comme tous les ruminants sont sujets à cette maladie, que dans toutes les années humides on voit périr une foule d'élèves et même de bêtes adultes de la race bovine de cette maladie, je ne doute pas que l'usage du sel ne les préservât aussi bien que les moutons. C'est là un emploi très important et un besoin qui se manifeste sur tous les terrains humides, qui composent plus du tiers de la France.

» Mais si le sel donné immédiatement aux animaux leur convient éminemment, il est peut-être encore plus salutaire de l'appliquer, comme dans l'économie humaine, aux aliments eux-mêmes * ; je ne doute donc pas que, semé en petite quantité sur les fourrages lorsqu'on les entasse dans les fenils au moment de la récolte, il n'imprègne avec beaucoup d'avantage leur substance. Comme il est plus ou moins déliquescent, il entretiendrait dans les fourrages une certaine flexibilité qui les empêcherait de se briser, de tomber en quelque sorte en poussière dans les bises sèches de l'hiver.

---

* Les agriculteurs de la Suisse et des hautes montagnes du Jura se sont convaincus par l'expérience que, distribué pur (2 ou 3 poignées par jour), le sel est encore plus profitable que mêlé aux fourrages.

» Utile sur tous les fourrages, plus ou moins, il le serait encore beaucoup plus sur les fourrages des prés humides, dont il neutraliserait l'effet débilitant.

» Sur les fourrages rentrés humides, le sel absorberait l'eau surabondante, empêcherait leur moisissure, affaiblirait les effets de la fermentation qu'ils éprouvent sur les fenils.

» En résumé, je pense donc que l'abolition de l'impôt serait un bien grand avantage pour l'agriculture. »

Si nous étudions la question chez les nations étrangères, nous voyons, dans le journal publié sous la direction de la société d'agriculture de Bruxelles, que, « dans les Indes orientales, on donne du sel aux bœufs, en général, tous les jours, dans la proportion de 2 à 3 onces, qu'on mêle avec leurs aliments. Les habitants de ce pays considèrent une certaine proportion de sel comme presque aussi nécessaire à ces animaux que les aliments eux-mêmes. »

En Irlande, les porcs sont engraissés en moitié moins de temps, à l'aide du sel mêlé aux aliments.

En Angleterre, tous les hommes que nous avons cités précédemment ont proclamé l'utilité du sel dans l'alimentation du bétail.

Le docteur Brownrig disait en 1748 : « Le sel doit être regardé comme le condiment universel de la nature, bienfaisant et profitable à tout être possédant la vie végétative ou animale. »

Le docteur Anderson, savant agronome, observe « qu'il n'y a pas de substance connue qui soit plus recherchée par la race des animaux graminivores que le sel commun. »

En 1817, M. Curven, membre du parlement, s'exprimait ainsi : « L'importance du libre usage du sel ne peut pas être estimée trop haut. J'ai été long-temps habitué à distribuer le sel comme médecine au bétail, et d'après mon expérience de ses salutaires effets, je puis considérer que son libre emploi comme condiment serait le plus grand bienfait que le gouvernement pût octroyer à l'agriculteur. »

Dans une lettre de 1819, à M. C.-William Johnson,

il précisait ainsi les quantités que dans sa pratique il avait jugées les plus convenables :

Cheval.	6 onces	170 grammes par jour.	
Vache à lait. . . .	4 . —	113	—
Bœuf à l'engrais. .	6 —	170	—
Bêtes d'une année.	3 —	85	—
Veaux	1 —	28,33	—

Brebis, 2 à 4 onces par semaine, 8 à 16 grammes par jour.

« Au printemps, disait-il, mon troupeau a été pris d'une maladie inflammatoire. Je donnai considérablement de sel; quelques animaux en reçurent jusqu'à 5 onces par jour. La maladie fut bientôt arrêtée par ce moyen. » En 1820, dans un rapport à la société d'agriculture de Werkington, dont il était président, il ajoutait : « Avant que le libre usage du sel ne fût permis aux agriculteurs par une modération de taxe, les moutons ne pouvaient être entretenus sur une terre forte et retenant l'humidité, sans grand risque de perte. Le sel a été reconnu les conserver en parfaite santé sur de pareils pâturages, et les troupeaux peuvent maintenant être nourris en toute sécurité sur des terrains où auparavant il n'était nullement prudent de les hasarder. »

Le révérend Edmond Cartwright publiait en 1820 : « Il y a un usage que j'ai pratiqué depuis plus de 30 ans, et que je sais avoir été pratiqué aussi long-temps par d'autres avec un succès invariable, c'est de mêler du sel à la paille gâtée en la récoltant... Cet usage de saler la paille est encore profitable, même quand elle est récoltée dans les meilleures conditions. »

Dans l'enquête faite par le parlement anglais en 1818, nous trouvons à chaque page des dépositions du genre de celle-ci :

« William Glover, fermier à Shoose, paroisse de Workington (Northumberland), prête serment et déclare qu'il a commencé à donner du sel au bétail depuis le 12 novembre dernier, dans les quantités suivantes :

40 Vaches à lait et génisses destinées à la reproduction, chacune. . . . . 4 onces par jour, 112 gr.

14 Bœufs à l'engrais et 16 bœufs de travail, chacun. . . . . 4 — 112

27 Jeunes bêtes d'un à deux ans, chacune.	2 onces par jour,	56 gr.
2 Taureaux et 48 chevaux, chacun.	4 —	112
444 Brebis, 2 onces chacune par semaine, en deux fois.	» —	8

» Les avantages du sel sont grands, puisque depuis qu'on en a distribué aucun animal n'est mort de maladie, et aucune brebis n'a été atteinte de pourriture. Dans les autres années, on perdait plusieurs brebis et moutons de maladie. Les animaux reçoivent deux fois par jour le sel mêlé à de la paille avariée, ce qui la leur fait consommer aussi bien que toute autre nourriture inférieure. Les chevaux la reçoivent aussi deux fois par jour, dans des pommes-de-terre gâtées (*steamed potatoes*), ce qui leur fait nettoyer à fond leur crèche, et les maintient en santé et bonne condition. Le bétail a toujours été dans l'état le plus prospère depuis qu'on a introduit l'usage du sel. Depuis 10 ans que le témoin tient du bétail à la ferme de Shoose, les animaux n'ont jamais été si long-temps exempts de maladie. Ils étaient auparavant sujets aux obstructions et inflammations..... Les quatorze bœufs à l'engrais ci-dessus mentionnés ont été nourris avec de la paille avariée et des navets seulement (*were fed on straw, steamed chaff, and turnips only*). Huit d'entre eux ont été pesés le 13 février dernier et le 17 de ce mois de mars. L'augmentation de poids de ces huit animaux était de 30 *stones* de 14 livres chaque (poids français, 190 kilogr. 260 gr., soit 23 kil. 777 par animal). »

Lord Sommerville (*Facts and observations on sheep wool*); sir Humphry Davy, célèbre chimiste, proclament les bons effets du sel dans l'alimentation des animaux.

M. Waterton, dont le livre est plus spécialement consacré à prouver l'efficacité du sel comme amendement des terres, s'exprime ainsi en ce qui touche le bétail :

« L'avidité de tous les animaux pour le sel est remarquable. Dans leur état sauvage, ils font d'immenses trajets pour rechercher les substances salines. L'instinct leur indique cet élément essentiel de la vie, et les pousse, pendant certaines périodes de l'année, à se rendre aux sources ou lacs salés. Il semble que la nature a été soigneuse de prodiguer cet agent indispensable à l'accomplissement de ses fonctions; car sans lui, l'homme, l'animal, et même le végétal, cesseraient d'exister.......

» La pourriture, chez les brebis, a souvent été guérie par une dose de sel et d'eau, et la maladie qui enlève chaque année tant de brebis lorsqu'on les engraisse avec le trèfle, les navets ou autre nourriture verte, luxuriante, est très efficacement prévenue par l'usage du sel.

» L'épidémie qui, dans les dernières années, a été si fatale aux bêtes à cornes, et qui règne encore dans ce pays, attaque rarement les animaux auxquels on distribue du sel, et dans les premiers accès, une potion de forte saumure empêche souvent la maladie d'aller plus loin. Tout bétail qui sera pourvu de sel se nourrira mieux et aura un meilleur poil. Tout fermier, au moins tout engraisseur de bétail, connaît les propriétés nourrissantes des territoires appelés *marais salants*. Là, les brebis ne connaissent pas la pourriture. — Les chevaux y deviennent gras, et souvent ceux qui arrivent fourbus par suite d'un travail rude ou forcé, y recouvrent la santé, quoiqu'il y ait à peine apparence d'herbage sur ces marais salants. »

M. Cuthbert-William Johnson exprime la même opinion, en observant que « l'importance du sel pour le bétail est tellement admise, qu'il ne croit pas devoir s'arrêter long-temps sur ce sujet. »

Il indique les mêmes rations que M. Curven, c'est-à-dire des rations plus que triples de celles sur lesquelles sont fondés les calculs de la commission de la chambre des députés.

M. Hume, membre du parlement, consulté l'an dernier sur la convenance de la réduction de l'impôt, répondait : « Je ne veux pas entrer dans le détail des avantages substantiels et très importants du sel à bas prix, relativement aux diverses branches de l'agriculture; mais les publications de sir John Sainclair, président de la société d'agriculture, énumèrent au long ces avantages.

» Il n'y a peut-être pas une abolition de taxe qui

ait eu d'aussi heureux et d'aussi vastes résultats sur une nation, que l'abolition de l'impôt du sel en Angleterre. »

Enfin, M. Cobden, cet infatigable et heureux défenseur des classes ouvrières, me faisait l'honneur de m'écrire en février dernier : « Il m'est impossible de déterminer la quantité de sel employée par l'agriculture ; mais M. Cuthbert-William Johnson est considéré ici comme une grande autorité en ces matières. Le sel est nécessaire à l'existence de l'homme et de l'animal, etc. »

Il y a long-temps que cette doctrine agricole est professée en Allemagne.

En 1570, Conrad Heresbach, dans un ouvrage sur l'agriculture, écrivait : « Il n'y a pas de prairie qui, continuellement pâturée, ne finisse par fatiguer vos brebis, à moins que le berger ne remédie à cet inconvénient en leur donnant du sel, qui est un assaisonnement à leur nourriture... Par ce moyen, vos troupeaux seront toujours en santé, plus gras, et vous donneront du lait en abondance. »

En 1742, Fred. Hoffmann, professeur de physique à l'université de Halle (*de Fontibus salsis Halensibus*), dit « qu'en Hongrie, en Pologne, en Russie, en Transylvanie et en Grèce, on donne aux animaux des blocs de sel fossile, afin de détruire chez eux la corruption interne et les maladies. »

En 1806, dans un ouvrage sur la Norvége et la Laponie, M. Léopold van Buch, de Berlin, fait, en parlant du cap Nord, l'observation suivante : « Des bandes de Lapons errants dans cette contrée amènent sur les bords de la mer leurs troupeaux de rennes, qui y boivent avec avidité l'eau salée, et sont après reconduites dans les montagnes. »

Les plus savants agronomes et les meilleurs cultivateurs allemands, entre autres ceux déjà cités dans la première partie de cette publication, reconnaissent tous au sel l'efficacité la plus salutaire dans l'alimentation des animaux. Nous avons vu que M. Moll attribue au large emploi du sel la supériorité de l'agriculture allemande sur la nôtre. — M. de Montgandry, venant de parcourir l'Allemagne, me faisait l'honneur de m'écrire de Strasbourg, le 26 septembre dernier : « J'ai visité toute l'agriculture du Rhin, depuis la Hollande jusqu'à Kell, et suis allé tout exprès dans le voisinage des salines de Bavière. Partout on donne aux animaux autant de sel que le prix le permet, et on donne à la terre tout le sel qu'on peut se procurer pour elle ; j'ai visité quarante fermiers et des propriétaires faisant valoir, il n'en est pas un seul qui ne donne du sel à son bétail. L'usage du sel est aussi généralisé qu'il peut l'être dans un pays où il ne dépend pas du gouvernement de le livrer à un prix convenable pour l'agriculture. Tous les gouvernements ont baissé les droits jusqu'où ils pouvaient descendre. »

Nous trouvons la confirmation de ce qui précède dans l'enquête faite en France. Voici comment s'explique un directeur de l'administration des douanes de l'une des villes frontières :

« C'est à l'espèce bovine qu'est principalement réservé le sel que les habitants du pays peuvent, au prix actuel de la denrée, affecter à l'alimentation du bétail. Les chevaux n'en reçoivent point, si ce n'est dans l'arrondissement de Wissembourg, où il leur est administré de temps à autre, surtout en hiver, par quelques fermiers anabaptistes, renommés pour les soins intelligents qu'ils donnent à l'élève du bétail. *En cela ils suivent l'exemple des Allemands, leurs voisins, qui font généralement usage du sel pour les chevaux.* Ce serait même à ce régime que devrait être attribuée l'absence de la morve dans les régiments de cavalerie étrangère.

» Indépendamment de l'amélioration qu'il procure au fourrage, l'emploi du sel permettrait d'en utiliser des parties aujourd'hui perdues et d'obtenir, avec de moindres quantités, des résultats plus avantageux. On trouvera ainsi la possibilité d'augmenter la production du bétail et d'alléger le tribut que nous payons pour cet objet à l'étranger.

» Il n'est pas douteux que la réduction de l'impôt dans la proportion indiquée par la commission, ne généralisât l'emploi du sel. Ce n'est en effet qu'à regret et en cédant à une véritable impossibilité économique, que les cultivateurs alsaciens y ont renoncé ou ont dû le restreindre. Cependant [illegible] et les résultats obtenus à l'étranger leur démontrent la nécessité d'y recourir ou d'en user avec moins de parcimonie. C'est surtout sur le gros bétail et les moutons, qu'une nourriture trop peu substantielle retient en France dans une infériorité relative fort regrettable, que l'abaissement de la taxe exercera une influence favorable. Pourvu d'une ration de sel moins exiguë, *le bétail alsacien ne tarderait pas à offrir à la boucherie des sujets comparables à ceux tirés de la Bavière ou de la Suisse.* On se croit donc fondé à affirmer qu'à prix réduit, l'usage du sel se répandrait promptement où il n'existe point encore, et que l'on verrait se produire d'une manière générale l'exemple qu'a donné la Bavière rhénane, lorsqu'à la chute de l'empire elle a cessé d'être annexée à la France. »

En Belgique, l'efficacité du sel dans l'alimentation du bétail est si généralement reconnue, que le gouvernement lui-même, cédant à l'opinion publique, a cru devoir, l'an passé, rendre une ordonnance en modération du droit sur le sel destiné aux animaux, et a fixé ainsi qu'il suit les quantités journalières nécessaires à chaque espèce :

Pour un cheval.	32 gr.	par jour,	11 k.	680	par an.
Pour un bœuf ou vache.	64	—	23	360	—
Pour un mouton.	16	—	5	840	—
Pour un porc ou chèvre.	20	—	7	300	—

Ces quantités déterminées, suivant l'honorable rapporteur à la chambre des pairs, par les *vétérinaires*, c'est-à-dire par les hommes les plus compétents, sont, comme on l'a vu par ce qui précède, dépassées de beaucoup dans la pratique des meilleurs cultivateurs anglais ; elles le sont aussi en Suisse, comme l'attestent ces extraits de rapports des agents de deux départements situés sur la frontière :

« Je ne doute pas, dit le premier, que la consommation, aussitôt après l'abaissement du droit à 10 fr., ne soit portée, pour l'espèce bovine, de 100 à 125 grammes par jour ; pour l'espèce chevaline, de 50 à 60, et pour les espèces ovine et porcine, de 30 à 35. Ces quantités sont beaucoup plus fortes que celles que le gouvernement belge a réglées dans ses exploitations agricoles ; mais je ferai observer que, *dans nos hautes montagnes et en Suisse, la consommation actuelle dépasse les fixations belges.* Des éleveurs que j'ai consultés voudraient pouvoir en donner jusqu'à 250 grammes par jour aux bœufs qu'il poussent au gras. »

Le second fait remarquer la notable différence qui existe entre les rations quotidiennes de sel que l'on donne aux bestiaux dans son arrondissement et celles que l'on donne dans les cantons suisses avoisinants, malgré la même nature des récoltes des deux pays et la similitude des cultures. Voici comment il établit cette différence :

Rations distribuées.	Dans son arrondissem.	En Suisse.
A un bœuf ou une vache.	51 grammes.	200 grammes.
A un cheval.	29 —	100 —
A un porc.	33 —	150 —
A un mouton.	22 —	50 —

La première de ces citations prouve que dans quelques points de la France déjà les rations belges sont administrées. Un autre agent confirme cette assertion. « Dans les maisons, dit-il, où l'on tire un grand revenu des vaches, on leur distribue environ 60 grammes de sel journellement, au moment où on va les traire. A coup sûr, ajoute-t-il, réduire des deux tiers, soit à dix francs, la taxe de consommation du sel, ce serait généraliser l'usage de cette denrée, car les bestiaux qui en mangent raisonnablement s'en trouvent bien sous tous les rapports ; elle a la propriété d'améliorer leur chair ; grâce à elle, les vaches donnent un lait plus substantiel, et les moutons *une laine plus longue et plus soyeuse.* » Cette réflexion sur l'amélioration de la laine des moutons qui consomment du sel est reproduite par un assez grand nombre d'agents du gouvernement, et aussi d'écrivains anglais et allemands.

M. de Fellemberg, directeur du célèbre établissement agricole d'Hofwil, canton de Berne, me fait l'honneur de m'écrire : « Le sel est un stimulant reconnu si nécessaire au bétail que lors même qu'il coûtait 20 centimes le demi-kilog., l'usage en était général en Suisse et s'élevait de 25 à 30 kilog. par tête de bétail, dans nos métairies. Aussi, son prix étant descendu à 11 centimes 1/2, la consommation a augmenté de telle sorte que le gouvernement a trouvé du bénéfice dans cette réduction... Le sel est un digestif puissant. Il est employé avec succès en Suisse pour rendre mangeables les foins avariés. Les engrais provenant de bestiaux qui digèrent bien sont plus fertilisants que ceux des bestiaux qui digèrent mal, parce qu'ils contiennent plus de parties animalisées. »

En Espagne encore, le sel est distribué au bétail en quantités supérieures aux rations belges, ainsi que le prouvent les extraits suivants des rapports de deux agents placés sur la frontière ; le premier dit :

« *Les troupeaux espagnols qui se rencontrent avec les nôtres sont supérieurs en qualité, et je crois que l'on ne peut expliquer cet avantage que par une distribution plus considérable de sel;* il est donc désirable que nos pâtres puissent trouver, dans un abaissement de droits, le moyen d'effacer une infériorité fâcheuse. »

Le second :

« Dans la province espagnole qui touche à la commune des Aldudes, les cultivateurs emploient généralement le sel pour la nourriture de leurs bestiaux.

» La ration annuelle y est environ de :

30 kilogrammes par bœuf ou vache,
15 — par cheval ou jument,
8 — par brebis, mouton ou porc.

Si nous poursuivons l'analyse de l'enquête, cette expression de l'opinion du pays tout entier transmise au gouvernement par ses agents, nous voyons que,

Sur 85 directeurs des contributions indirectes consultés, 82 se prononcent pour l'emploi que l'agriculture ne manquerait pas de faire du sel, si l'impôt était réduit. La plupart d'entre eux adoptent les rations belges.

Sur 39 départements compris dans les rapports des agents des douanes, 2 seulement sont présentés comme ne devant pas entrer dans cette voie, et les autres comme devant arriver, dans leur ensemble, à un chiffre de consommation impliquant des rations bien supérieures à celles fixées par l'ordonnance belge.

Ces prévisions de consommation sont fondées, pour certains départements, sur celle qui s'y faisait avant l'établissement de l'impôt, et pour tous, sur les considérations suivantes, que l'on trouve à chaque page de l'enquête, et que nous en extrayons textuellement :

« *Que le sel est bon, qu'il est employé pour le chaulage des blés; que, mélangé avec les semences, il les préserve des insectes, pucerons, charençons et de la carie; qu'il remplace avantageusement la chaux ou le nitre; qu'il améliore sensiblement les fourrages récoltés par des temps mauvais ou dans des prairies humides et marécageuses; qu'il empêche les fourrages de s'échauffer et de pourrir; que, par un large et général emploi du sel, la morve, le farcin des chevaux, le charbon des bêtes à cornes, la pourriture des moutons, disparaîtraient, ou du moins deviendraient extrêmement rares; que les troupeaux étrangers qui se montrent avec les nôtres dans les pâturages limitrophes sont toujours supérieurs en qualité, et qu'on ne peut expliquer cet avantage que par une distribution plus considérable de sel; que la supériorité des laines d'Espagne sur les nôtres tient à cette différence; que le bénéfice qu'on peut attendre de la réduction est incontestable pour le développement et l'amélioration du bétail; qu'elle aurait pour conséquence une augmentation notable dans le nombre des bestiaux nourris en France, et, par suite, des engrais plus abondants, dont le résultat serait d'obtenir de la terre toutes les richesses qu'elle peut produire; que cette augmentation nous mettrait à même de nous délivrer de l'énorme tribut que nous payons à l'étranger pour le bétail que nous sommes forcés de lui demander; qu'on pourrait espérer, dans un petit nombre d'années, une baisse dans les prix des céréales et de la viande; que dès lors toute la population s'en trouverait bien, et qu'il n'est pas besoin de dire avec quel sentiment de reconnaissance un pareil dégrèvement serait accueilli, et tout ce que le gouvernement y gagnerait en popularité, etc., etc.* »

Enfin l'utilité du sel en agriculture est reconnue par tous les gouvernements de l'Alllemagne et de la Suisse, qui ont réduit leur impôt dans le but de cet emploi; par celui des Etats-Unis, où cette réduction était, l'an passé, annoncée par le secrétaire de la trésorerie; par le gouvernement papal, qui met au nombre des bienfaits qu'il médite pour ses sujets une diminution de l'impôt du sel ; par le gouvernement anglais, qui, dans l'acte d'abolition de la taxe, a écrit que cette grande mesure avait pour but d'amener les agriculteurs à employer le sel pour *nourriture ou mélange à la nourriture du bétail petit et gros (for the purpose of feeding, or mixing with the food of sheep and cattle)* ; par le gouvernement français lui-même, qui, après avoir dit, par l'organe de M. le ministre des finances, à la tribune, « que si l'on pouvait donner du sel à l'agriculture en franchise de tout droit, il fallait le faire, il était du devoir du gouvernement de le faire, » rendait quelques mois après cette malheureuse ordonnance du 26 février dernier, dont il n'est plus permis de dire du mal, abandonnée qu'elle est même par son honorable auteur.

Cette ordonnance de M. le ministre des finances a pourtant un mérite, c'est d'avoir reconnu que 50 grammes, c'est-à-dire la quantité adoptée par la chambre des députés, sont au moins la ration journalière nécessaire pour le gros bétail.

Déjà précédemment, dans ses conseils adressés aux cultivateurs, M. le ministre de l'agriculture disait : « Il ne faut pas negliger d'avoir recours au sel comme excellent antiputride. Si l'on voulait faire consommer 10 kilogr. de pommes-de-terre à une vache, chaque jour, il faudrait aussi lui donner 75 grammes de sel. »

A toutes ces autorités nous pourrions ajouter celle de M. Gay-Lussac lui-même, qui, *en présence d'une pratique si répandue de donner du sel au bétail, d'une croyance si générale à ses bons effets*, comme observateur et aussi comme savant, ne peut s'empêcher de reconnaître l'utilité de cette substance pour l'agriculture, malgré les réserves ingénieuses et les détours habiles que, comme rapporteur de la commission de la chambre des pairs, il est contraint d'employer pour arrriver à une conclusion arrêtée d'avance, et préparer une conséquence si contraire à ses prémisses.

Cette commission elle-même reconnait que « *le sel*

peut avoir quelque utilité pour l'amélioration des fourrages avariés ou de qualité inférieure, pour l'engraissement du bétail ou la production du lait, enfin comme moyen hygiénique et curatif. »

Cet aveu de la part des nobles pairs qui concluent au rejet pur et simple du projet de loi portant réduction de l'impôt du sel, est assurément significatif et précieux ; malgré la vague restriction et le correctif obligé dont il est environné, il résume et confirme tout ce qui a été dit et écrit relativement à l'agriculture en faveur de la thèse que nous soutenons depuis deux ans, avec le concours des plus généreuses convictions, avec l'appui de l'opinion du pays, manifestée par tous ses organes et par le vote solennel et presque unanime de celui des trois grands pouvoirs de l'état qui est le plus spécialement appelé à étudier les besoins et à faire prévaloir les vœux des populations.

En résumé, par cette publication j'ai voulu

1° Enlever tout prétexte à ceux qui, pour combattre la réduction de l'impôt du sel, contestent l'efficacité de son emploi par l'agriculture, en prétendant réduire cette efficacité à d'insignifiantes proportions ;

2° Encourager les cultivateurs intelligents qui pratiquent l'usage du sel pour l'amendement de leurs terres et l'alimentation de leurs bestiaux ; inciter à entrer dans cette voie les cultivateurs ignorants et routiniers;

3° Prouver que les rations quotidiennes déterminées par la commission de la chambre des députés pour chaque tête de bétail, rations sur lesquelles est basé le chiffre de la consommation dans l'avenir, sont très modérées, puisqu'elles ont été admises par M. le ministre des finances dans son ordonnance du 26 février dernier ; puisqu'elles sont inférieures d'un cinquième à celles fixées par l'ordonnance belge, d'un tiers à celles conseillées par M. le ministre de l'agriculture, de moitié à celles distribuées en Suisse et même dans quelques régions de la France, et enfin inférieures des deux tiers à celles usitées par les agriculteurs intelligents de l'Angleterre ;

4° Enfin, démontrer au gouvernement la nécessité de la réduction de l'impôt du sel, et la possibilité de la faire sans imposer au trésor d'autre sacrifice qu'une perte transitoire, passagère, compensée elle-même par un accroissement de produit des autres contributions, conséquence naturelle du développement de la richesse publique.

Les avantages de l'usage du sel en agriculture étant mis en évidence par la théorie et la pratique, le bon sens des cultivateurs, leurs vœux réitérés et depuis si long-temps exprimés, ne permettent pas de douter qu'ils ne fassent un large emploi de cette substance pour la fertilisation de leurs terres, pour le chaulage de leurs semences, et surtout pour l'amélioration de leur bétail, dès que la réduction de l'impôt l'aura mise à leur portée, et que leur désir, leurs tentatives de progrès, ne seront plus paralysés par l'énormité d'avances impossibles au plus grand nombre.

On ne peut donc plus dire avec l'honorable rapporteur à la chambre des pairs que la compensation résultant d'un accroissement de consommation par l'agriculture est *entièrement chimérique;* il faut reconnaître, au contraire, comme l'a fait M. le ministre des finances, dans son premier discours sur cette question, que, *dans des mesures qui mettront le sel tout-à-fait à la portée de l'agriculture, il y aura un grand élément d'augmentation de consommation.* On est forcé d'admettre que les prévisions de la chambre des députés sont rationnelles; que le produit qu'elles promettent est certain, et dès lors on ne peut refuser son assentiment à une mesure qui, pour nous servir encore des paroles de l'honorable rapporteur à la chambre des pairs, *étendrait ses bienfaits à la population entière, à la classe pauvre surtout, et procurerait à l'agriculture des améliorations inespérées.*

Il est aujourd'hui malheureusement reconnu que la production des denrées alimentaires, en France, n'est pas en rapport avec l'augmentation progressive de la consommation résultant de l'accroissement de la population ; le produit d'une année commune ne suffit plus à la nourriture du pays ; le rapport entre le nombre des têtes de bétail et celui des habitants suit chez nous une progression décroissante, contrairement à ce qui se passe chez nos voisins. Cette infériorité, cette impuissance de notre agriculture nous rendent tributaires de l'étranger, causent les maux auxquels nous sommes en butte et nous en préparent de plus grands dans l'avenir. Le dégrèvement de l'impôt du sel serait à ce déplorable état de choses un remède bien autrement efficace que tous les expédients, tous les palliatifs employés jusqu'à ce jour, car il tendrait à faire disparaître la cause même, la cause première et principale d'un mal dont nous ne saurions trop sérieusement nous appliquer à prévenir le retour. Ce dégrèvement devant avoir pour conséquence une augmentation notable dans le nombre des bestiaux, et par suite des engrais plus abondants, plus énergiques, dont le résultat serait d'accroître nos récoltes en faisant rendre au sol toutes les richesses qu'il peut produire, nous obtiendrions, dans un petit nombre d'années, l'abondance et l'abaissement du prix des céréales et de la viande, ces deux substances de première nécessité, et nous garantirions ainsi les populations de la disette et de la misère.

Pousser notre agriculture à entrer dans la voie de ces progrès et mettre à sa portée l'un des grands moyens de les réaliser ; la relever de l'infériorité comparative dans laquelle elle languit sous le poids d'un impôt écrasant par son exagération ; nous délivrer du tribut onéreux que nous payons à l'étranger pour nos subsistances, et cela avec la certitude de procurer au trésor d'abondantes compensations, non pas seulement par l'accroissement de la consommation du sel, mais encore par le développement de la prospérité générale, seule véritable source du produit des contributions ; tels sont les résultats que nous poursuivons. Nous serions heureux si la lumière que jette sur cette question l'autorité des hommes éminents que nous avons cités pouvait aider à la solution que nous souhaitons dans l'intérêt du pays, et que nous ne négligerons rien pour lui faire obtenir.

Pontarlier, 15 novembre 1846.

Cette brochure était sous presse quand me sont parvenues trois lettres, dont je crois utile d'extraire les passages suivants.

La première est de M. Liebig, professeur à l'université de Giessen, l'un des plus grands chimistes de l'Europe :

« J'ai eu le plaisir de recevoir votre lettre du 5 novembre. J'y aurais répondu plus tôt si je n'eusse voulu terminer une expérience qui a la plus intime connexion avec les questions que vous m'avez posées. A présent que ce travail est fini, je puis vous répondre avec assurance que le sel commun est absolument nécessaire, sur notre continent, pour la nourriture du bétail. *(Ietzt wo diese Arbeit beendigt ist, kann ich mit Sicherheit die Antwort geben, dass das Kochsalz fur die Ernahrung der Thiere, auf unserm Continent, ganz unentbehrlich ist.)* »

Après une explication scientifique de cette opinion, M. Liebig continue :

« M. Kauffmann, professeur d'économie rurale à l'université de Bonn, a fait l'expérience que le sel ordinaire, mêlé avec le gyps, a la plus favorable influence sur la fertilisation des terrains, principalement sur les pommes-de-terre et les légumes; et nous regardons en Allemagne le bas prix du sel, pour la nourriture du bétail aussi bien que pour l'économie rurale, comme une nécessité imposée par la nature. »

La seconde est de M. Kauffmann, professeur très distingué à l'université de Bonn, dont l'opinion a d'autant plus de poids dans cette question, qu'elle est basée sur de nombreuses expériences :

« J'ai eu l'honneur de recevoir votre lettre du 2 décembre courant. C'est une grande joie pour moi d'être en état de vous donner des faits très favorables au but que vous vous êtes proposé de poursuivre. Je prends la liberté de vous faire remarquer que dès 1836, dans le *Journal de l'agriculture rhénane*, fondé par moi en 1833, j'ai traité la question du sel pour le bétail et l'ai présenté comme chose infiniment utile et nécessaire (*Dringendes bedurfniss.*).....

» Quant au sel pour amendement des terres, je suis heureux de vous assurer que j'ai obtenu de deux cents expériences que j'ai faites, des résultats qui surpassent tous les faits connus jusqu'alors. La particularité de ma méthode consiste en ce que je ne me sers jamais du sel isolé, mais toujours préparé avec un autre corps fortement pulvérisé et bien mélangé avec le sel. C'est un préjugé déplorable de croire que le sel comme amendement des terres soit trop coûteux...... Mais pour vous donner, monsieur, des renseignements exacts et complets, permettez-moi de vous écrire dans une quinzaine de jours une seconde lettre, car il me faut quelque temps pour recueillir sommairement tout ce que les autorités de la science en Allemagne ont écrit sur cette matière avant moi, pour extraire quelques passages des feuilles périodiques et recueillir les faits les plus nouveaux d'un autre propriétaire qui a suivi ma méthode en grand.

» Je m'estimerais heureux que vous pussiez aussi faire adopter aux agronomes français le plan des expériences que je vous enverrai ; et je serais infiniment flatté que cette matière, qui est de la dernière importance, contribuât à ce que deux nations nobles et très civilisées marchassent ensemble vers le même but scientifique et pratique. »

La troisième est de M. Jules Rieffel, directeur de l'institut agricole du Grand-Jouan, savant agronome, auquel de longues années d'une pratique habile donnent une autorité que nul ne peut contester :

« Je pense que le dégrèvement du sel est devenu une nécessité de l'époque. L'agriculture en fera un grand usage quand elle le pourra, pour amender les terres, pour le mêler dans les fumiers, pour la nourriture du bétail, pour les bêtes à laine surtout. Quoi qu'on en ait dit, il est certain que des familles pauvres se privent de sel. Il est certain aussi qu'un grand nombre de baux ont été modifiés en Bretagne par suite de l'impôt du sel. Les cultivateurs bretons en faisaient un grand usage autrefois. »

FIN.

IMPRIMERIE DE J. BONVALOT.

www.ingramcontent.com/pod-product-compliance
Ingram Content Group UK Ltd.
Pitfield, Milton Keynes, MK11 3LW, UK
UKHW021651260726
13994UKWH00003B/1403

9 782329 486178